U0058273

法國藍帶
巧克力

品嚐誘惑迷人的巧克力！

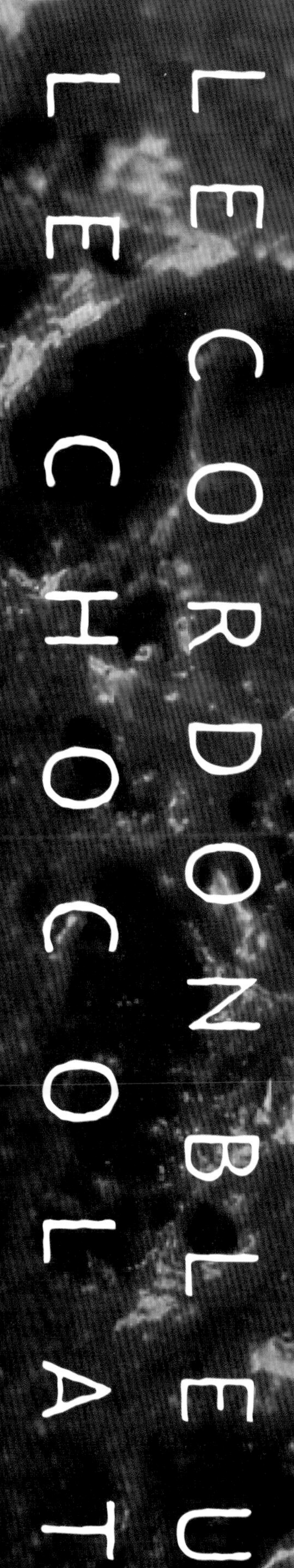

法國藍帶廚藝學院東京分校編

SOMMAIRE

LES FOURS SECS 小巧烘烤糕點

LES BONBONS AU CHOCOLAT 巧克力糖

LES CONFISERIES AU CHOCOLAT 巧克力甜點

MONTAGE CHOCOLAT 巧克力工藝

LE CORDON BLEU
LE CHOCOLAT

前言

藍帶廚藝學校 (LE CORDON BLEU) 位於巴黎左岸15區Leon Delhomme路，創立於1895年，為一所極為著名的法國料理點心專業學校。這所學校歷經100年以上，不僅傳授傳統法國料理、點心，同時還隨著時代的演進，教育指導不斷推陳出新的料理、點心。

藍帶廚藝學校除了位在巴黎的本校之外，還有設在倫敦、東京（代官山）、橫濱、渥太華、雪梨、阿德列得（Adelaide）的分校，並於2002年9月新設立了韓國分校，將其教育推廣至世界各地，讓更多的人可以更加深入地了解到法國料理、糕點的魅力。

藍帶廚藝學校為了增進大衆對法國料理、糕點的興趣，達到更進一步地了解，至今已出版過為數不少的相關書籍。而這回要為大家介紹的主題，則是法國糕點中不可或缺的「巧克力（chocolat）」。本校的糕點部門，分為基礎、中級、高級三個階段，將法國糕點的基本到古典糕點、現代糕點、糖工藝等各種不同的專業類別，設計成各種課程，讓學員能夠更廣泛地學習。而巧克力，就是其中的一門專業類別。在基礎課程中，巧克力被當作食材，用來製作糕點。在中級課程中，學習製作巧克力的技巧。到了高級課程，為了讓學員能夠更深入地了解巧克力，教授的重點更囊括了從理論到專業技巧等各種內容的課程。本書的內容及製作範例包羅萬象，不僅能夠讓人了解到巧克力的歷史、理論、製造、種類，適用於初學者，甚至是入門已久的學習者，可以說是一本彙集了藍帶式巧克力精髓的學習範本。

請您先詳閱有關巧克力歷史、理論的部分，加深對巧克力的認識。將來，在您製作巧克力時，如果本書能夠經常派上用場，那將是我們最大的榮幸。

接下來，就請您充分體驗「藍帶式巧克力」的樂趣吧！

可可（cacao）

可可樹（cacaoyer），學名theobroma cacao，梧桐科熱帶植物。
可可樹：樹高一般約為5~7m，但有的甚至可生長到約12~15m的高度。樹木的平均壽命為25~30年，最長可達40年。樹木微帶粉紅色，根會往地下垂直申展成約2 m的網狀。
可可葉：葉子的壽命約為1年，一年中可長出葉片4、5次。葉片的大小因日照條件的好壞而定，顏色則會隨著樹齡而變。幼木的葉片為嫩綠色，經過4~5個月，就會逐漸變深。
可可豆莢：可可的果實為豆莢（法文稱之為cabosse），從形成豆莢到成熟，約需5~7個月。大小約為12㎝，重量依品種而不同，從重約200g到1kg的都有。剖開豆莢，即可看到裡面縱向隔成5列，塞滿了約35顆的可可豆。可可豆被包覆在酸甜的白色果肉內。
可可花：可可樹和大多數的熱帶植物一樣會開花，開過後就會結成果實。雖然它終年都會開花，但卻要等到植樹3年後，才會開始開花。它的花是開在枝幹上，但最後僅只有其中約1%可以結成果實。

可可豆的種類

柯立歐羅〔criollo〕
香味濃厚，僅稍具苦味。與其它品種相比，較容易罹病，也較脆弱。由於樹木的數量不多，所以生產量也低，僅佔總產量的3%。然而，質優而香醇的特點，使它成為一流巧克力公司的最愛。豆莢成熟時，會變成紅色。

佛拉斯堤羅〔forastero〕
原產地在亞馬遜。現在則主要栽種在巴西或西非等地。約佔總產量的80%。豆莢成熟時，會變成黃色。

特力尼塔利歐〔trinitario〕
柯立歐羅（criollo），佛拉斯堤羅（forastero）交配而成的品種。約佔總產量的10~15%。豆莢成熟時的顏色，介於兩品種之間。

巧克力的歷史

HISTORIQUE DU CHOCOLAT

追溯可可樹的歷史，可知它起源於中美洲森林。在哥倫布發現美洲大陸之前，當地的民族食用的是柔軟而帶著牛奶味的豆莢內的果肉，可可豆是丟棄不用的。然而，某位美洲印地安青年試著將可可豆炒過後，卻意外地發現到它飄散出彷彿美食般的香味。

最先栽種可可樹的民族是馬雅人。但另有一說指出，可可豆的最先栽種者應為往來於尤加敦半島(Yucatan Peninsula) 及宏都拉斯共和國之間，將可可豆當作貨幣來使用的航海商人。

在阿茲特克 (Aztec) 文明的歷史中，可可豆的用處有兩個，即被當作食物及貨幣。當成食物時，是將可可豆搗碎成糊狀，加入香草或肉桂，及水，製成色香味俱全的飲料。待可可奶油浮到表面，完全分離後，再攪伴成慕斯狀來飲用。另一方面，生活較貧苦的人，則是加入玉黍蜀的粉末，作成濃稠的粥狀來飲用。然而，可可豆幾乎都是被當作貨幣來使用，由國王以徵收可可豆做為稅金一事，即可得知。

此外，據說當時100顆可可豆的價值和一個奴隸是相同的，甚至還有偽造大小和顏色與可可豆相彷的偽造商存在呢！

1519年，西班牙冒險家科爾特斯（Hernan Cortes、1485～1547）出航墨西哥，於翌年1520年佔領了墨西哥，征服了阿茲特克國王蒙提祖馬（Moctezuma）。藉此，不僅取得了國王的財寶，還尋獲了黃金、寶石，以及大量的可可豆。後來，他將可可豆帶回祖國西班牙，經過一段時日，便傳遍歐洲，並進而傳到全世界。

可可如何被引進歐洲？

在歐洲，可可因具有特殊的苦味，時有所聞，而廣為人知。當時，甘蔗的栽培盛行，最初砂糖可說是大衆的最愛，充斥各地。然而，當可可和砂糖被組合在一起後，可可豆終於傳遍了歐洲各地。

可可於1585年最先被引進歐洲的西班牙。很長一段時間，西班牙人將之留存於自己國內，尤其是修道士，身為巧克力的製作技術者，更長期保守著密秘，絕不外傳。後來，由於西班牙人開始成立可可農園，擴張農地，因而才逐漸地傳遍了歐洲各地。1591年，先傳入義大利，再依序傳入德國、荷蘭、法國。至此，可可的栽培得到了更進一步的發展，並於1822年橫渡大西洋，首度傳入了美國，開始栽植。

可可如何被引進法國？

可可最初是在1615年，西班牙國王菲力普三世的女兒，即安妮皇后 (Anne d'Autriche、1601-1666) 與法皇路易十三結婚時，被傳入法國。然而，因長時期為宮廷內才有的食物，並不為一般庶民所知。

直到香料商人、藥劑師開始逐漸使用可可豆之後，才被加以改良，得以製成巧可力。1732年，畢易遜公司曾經創下一日生產了6 kg巧克力的紀錄。1778年，德雷公司更研發出利用水力來製造巧克力的機器。此外，1819年，佩魯堤耶公司，設立了利用蒸氣來使機械運轉的工廠。1824年，巧克力生產量在世界上名列前茅的穆尼耶公司，在諾瓦捷魯修魯馬盧努設立了工廠。1828年，班荷頓公司發明了可可粉，到了1870年，丹尼爾佩特製造出了牛奶巧克力。

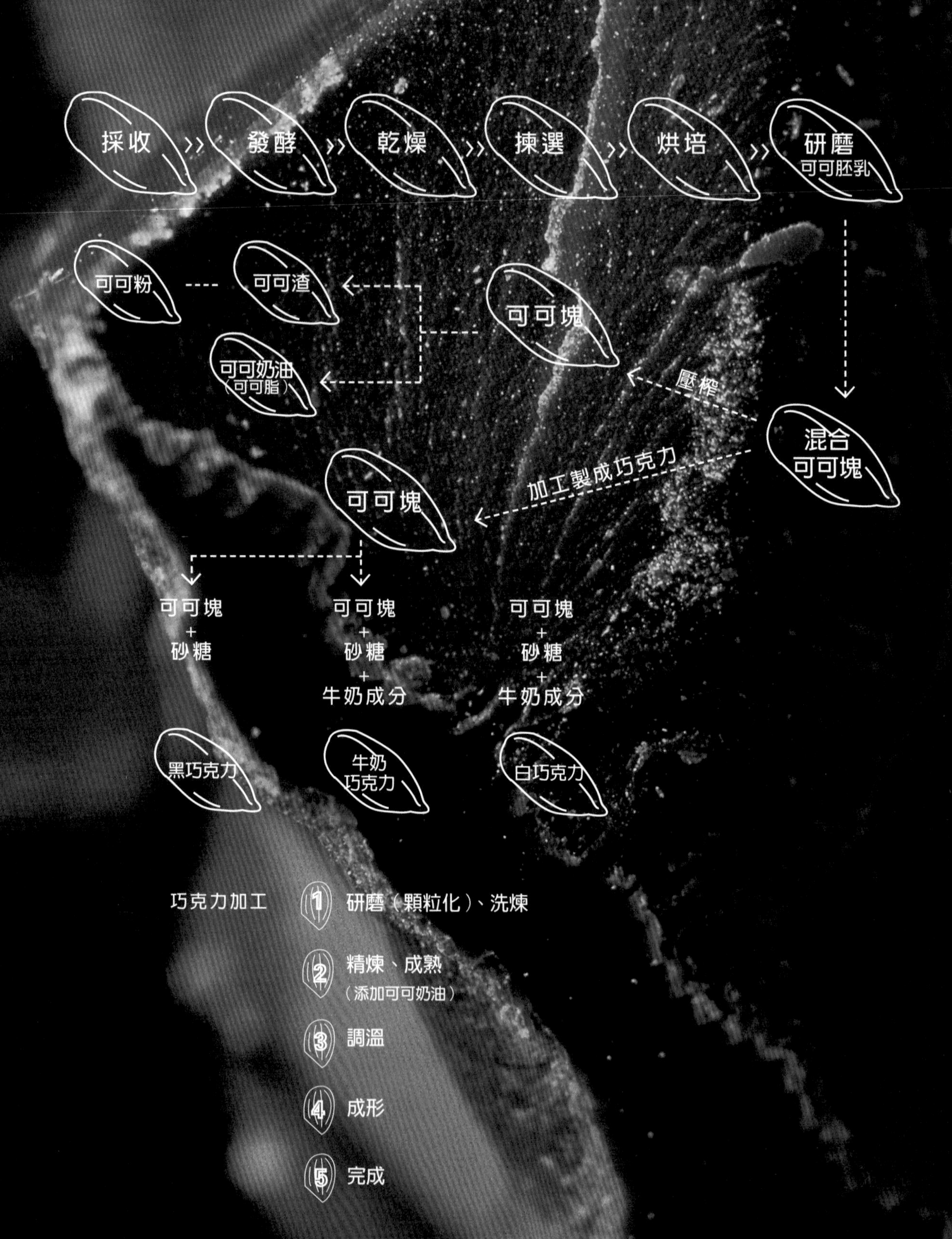
採收
發酵
乾燥
揀選
烘培
研磨
可可胚乳
混合
可可塊
壓榨
可可塊
可可渣
可可粉
可可奶油
(可可脂)
加工製成巧克力
可可塊
可可塊
+
砂糖
可可塊
+
砂糖
+
牛奶成分
可可塊
+
砂糖
+
牛奶成分
黑巧克力
牛奶
巧克力
白巧克力
巧克力加工
1 研磨(顆粒化)、洗煉
2 精煉、成熟
(添加可可奶油)
3 調溫
4 成形
5 完成

FABRICATION DU CHOCOLAT

巧克力的製造

1 採收〔la recolte〕年收2次，在固定的期間內（10～15天）採收。可可的果實為可可豆莢（cabosse），採收者是依據它的顏色及敲拍的觸感來判斷是否已成熟，可採收。1人1日平均可採收1500個。採收後，先剖開堅硬的外殼，僅取出可可豆，再用手將豆子一顆顆地撥開分散。

2 發酵〔la fermentation〕採收後的可可豆，在24小時內即開始進行發酵。發酵的三個目的如下：■ 讓包裹著可可豆的白色果肉腐爛變軟，使豆子更容易被取出。■ 防止發芽，讓豆子更容易保存。■ 讓可可豆可轉變成特有的美麗茶褐色，豆子可充分膨脹，產生苦味、酸味，增添香味。

發酵時，需要充分的溫度（豆子的溫度需達到約50℃的狀態），及不時地攪拌讓空氣跑進去，才可以讓整顆豆子發酵均勻。發酵所需時間，依可可的種類、天氣狀況而不同，柯立歐羅 (criollo)需2天，佛拉斯堤羅 (forastero) 則約需8天。

3 乾燥〔le sechage〕發酵後的可可豆，水分含量約為60%。然而，最適當的保存狀態，卻須降至約8%才行。因此，而須加以乾燥。乾燥的方式，是將可可豆攤在大板子上，日曬乾燥約2週的時間。

●以上的作業，都是在栽種可可豆的原產國內進行。然後，就是將可可豆裝入大麻袋內，出口至世界各地。

4 揀選、貯存〔le stock〕可可豆在運送到巧克力製造廠後，會先實施品質檢驗。檢驗時，將有溝槽的細長筒插進麻袋邊緣，取出掉進溝槽內的可可豆。然後，仔細檢查這些可可豆，是否有發霉、蟲蝕、發芽、發酵不完全等情況發生，再送到有溫度控管的乾淨場所貯存。

5 清理〔le nettoiement〕首先，將可可豆放進有扇頁旋轉的機器內，清除雜物、塵土，再用篩子篩過，仔細清乾淨。

6 烘培〔la torrefaction〕然後，就是烘烤可可豆。這和烘培咖啡豆一樣，目的都是為了要增添豆子的香味。同時，在烘烤了10~30分鐘之後，豆子的含水量會再降到3%，外皮變得乾燥後，就更容易剝離了。

7 研磨〔le concassage〕將烘培後的可可豆，放進有溝槽的滾筒機內壓碎。包覆豆子的硬殼、外皮以風力吹掉，只剩下法文被稱之為grue de cacao的部分。

8 混合〔le dosage〕混合方式，是影響巧克力品質的一大要素。因此，各種有關可可的選取及混合方式，應可說是各公司的企業機密吧？

9 研磨（顆粒化）、洗煉〔le broyage-affinage〕 可可胚乳用機器磨碎後，變成柔滑的物質再凝固後，稱之為可可塊（pate de cacao）。黑巧克力就是可可塊加上砂糖，牛奶巧克力就是可可塊加上砂糖及牛奶，白巧克力就是可可脂加上砂糖及牛奶，再用機器混合而成。將巧克力放入縱向重疊的圓筒（有薄膜附著在內）內磨碎，越上層孔越細小，藉以提煉出0.02mm的顆粒。

●另一方面，將可可塊用壓榨機榨過後，可以得到油脂的部分「可可奶油（beurre de cacao）」及固態的部分「可可渣」。進一步提煉可可渣，冷卻凝固後，研磨成粉狀，就是可可粉了。

10 精煉、成熟〔le conchage〕 然後，將呈柔細狀態的巧克力放進法文稱之為conche的大桶內精煉。桶內溫度維持在30℃，用2支攪拌棒不斷地攪拌24~72小時，使之成熟。此時，若觀察巧克力的狀態，發現還不夠柔細，就得再加些可可奶油進去。精煉、成熟所需時間，依巧克力的品質而有所不同。特別是在製作法文稱之為grand cru的高級巧克力時，這個過程就特別地重要。它那絨毛般的舌觸感，閃亮的光澤，就是由此而來的。

11 調溫和成形〔le temperage et le moulage〕 最後，巧克力在有控溫功能的機器中，在溫度受到調節的狀態下，倒入放置在輸送帶上的模型內，待冷卻後，脫模，包裝。

●至此，巧克力的製作就大功告成了。

VARIATION DU CHOCOLAT

巧克力的種類

黑巧克力〔chocolat noir〕
大至可分成半甜巧克力（mi-amer）及苦甜巧克力（amer）兩種。成分比例分別為：半甜巧克力含可可55~58%、砂糖42~45%，苦甜巧克力含可可60%、砂糖40%。其中，可可奶油的含量約佔整體的38%。可可含量若佔70%以上的巧克力，稱為「特級純苦巧克力（extra-amer）」。

牛奶巧克力〔chocolat au lait〕
牛奶巧克力的可可含量較少，牛奶成分較多。成分比例為：可可36%、砂糖42%，剩餘的部分為牛奶。所有油脂（含乳脂）成分佔整體的38%。

白巧克力〔chocolat blanc〕
白巧克力不含絲毫可可的固態成分。成分比例為：可可奶油30%，剩餘的部分為砂糖及牛奶。
■本書中所示的成分比例為一般基本平均值。實際上的比例數值，依廠牌而異。

可可塊〔pate de cacao〕
可可塊就是將可可胚乳研磨成泥狀後，凝固成形而成。不含糖分，100%的純可可塊。適合在欲強調巧克力的香味，或突顯巧克力的濃郁時使用。

可可奶油〔beurre de cacao〕
可可奶油為可可塊用壓榨機榨過後所分離出的油脂部分。融化後，看起來很像澄清奶油。

可可粉〔poudre de cacao〕
可可粉為可可塊用壓榨機榨過，去除油脂部分後，所剩下的固態部分（稱為可可渣），再研磨成的粉狀物。

覆蓋巧克力〔chocolat de couverture〕
製作各種巧克力時使用之素材。「couverture」在法文中原為毛毯、書或筆記等的封面之意，即由覆蓋保護某個東西之意衍伸而來，意指用來包覆像巧克力酒糖這樣的巧克力，以保護裡面的柔軟部分「甘那許（ganache）」等時候所使用的巧克力素材。在製作巧克力的過程中，若添加可可奶油，可增加巧克力的延展性，並使巧克力變得更柔細，可以薄薄一層地包覆在含酒的柔軟部分外圍，完成後看起來光滑誘人。這就是所謂的「覆蓋巧克力」。一般而言，可可奶油的含量一定要在31%以上，才可稱之為「覆蓋巧克力」。

巧克力的調溫技巧

TEMPERAGE DU CHOCOLAT
巧克力的調溫

巧克力用來作表面塗層，或倒入模型凝固時，若只是將它融化後來使用，就可能會變成看起來既無光澤，入口後也不易融化的劣質巧克力。
而關鍵，就在於製作過程中的「調溫」這道手續。
巧克力中所含的可可奶油，是由幾種不同性質的分子所構成的。而藉由溫度調節，可使這些不同性質的分子結晶，達到良好的安定狀態。
接下來，就先為您介紹調溫的功能吧！

結晶的必要性為何？
1 可使外觀看起來光滑，咬起來酥脆，入口易化。
2 巧克力倒入模型，或作其它加工時，可以立即凝固，讓製作過程變得更容易而順利。
3 凝固後的巧克力可輕易脫模。
如何讓它結晶？
1 首先，要提高溫度，來分解巧克力中所含的可可奶油分子。此時，巧克力會呈鬆軟的液態狀。
2 然後，要降低溫度，讓分解的分子結合，變成良好的安定狀態。
3 但是，結晶後的巧克力分子，若一直保持在同樣的狀態下，就會繼續結晶，而變得過硬。為了讓製作過程更加方便順利，最好稍微加熱，將溫度調高。

以上為調溫的功能。
調溫的一般作法，法文稱之為tablage，就是將巧克力倒在大理石台上，邊拌勻混合，讓溫度下降。因這樣做時，表面積很大，溫度容易下降，可迅速達到調溫的功效。
另一種作法，是將裝著巧克力的容器放在冰水中來降溫。這個方法，特別適合在作業場所較小，或巧克力份量較少的情況下使用。此外，在夏季室溫較高的情況下，也很適用喔！
調節的溫度高低，依巧克力的種類而異。牛奶巧克力或白巧克力中所含的乳脂，因具有抑制巧克力結晶的作用，所以，溫度要設定的比黑巧克力類稍微低一點。
請參考以下的圖表。

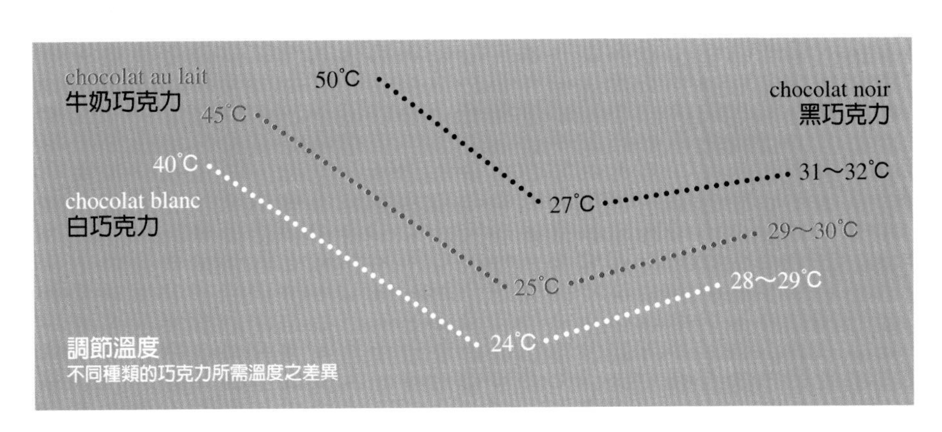

1

將巧克力切細碎，放進容器內，隔水加熱。此時的熱水，大約保持在表面會冒出小水泡的狀態即可。將巧克力完全融化。

2

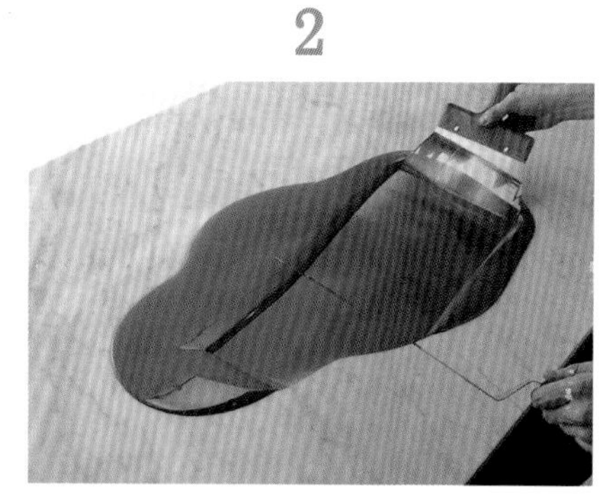

巧克力融化後，倒在大理石台上，用三角刮刀等器具抹開來。

3

用刮板舀起巧克力，再用木杓來摩擦混合。不斷重覆這個動作，充分混合，降溫。

TABLAGE 黑巧克力的降溫法

7

另一個確認的方式，是觀察巧克力在溫度下降，開始結晶時，是否流動速度變緩，變成像甘那許（ganache）般的硬度。

8

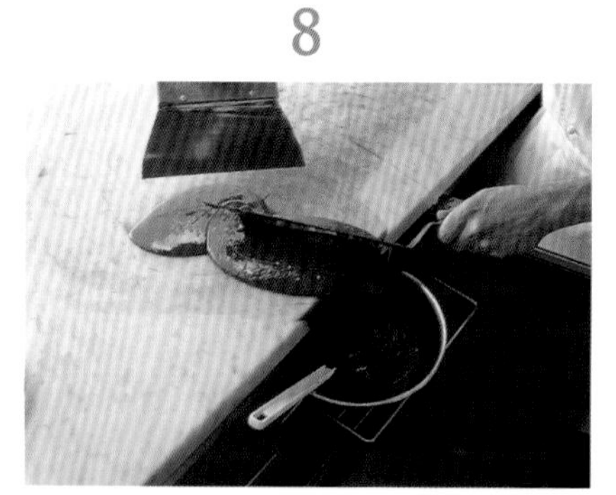

步驟6、7若確認無誤，要儘快將巧克力裝回容器內。一旦巧克力開始結晶，就容易結塊。因此，這個步驟一定要迅速進行。

9

巧克力裝回容器後，立刻充分攪拌混合。攪拌時，要像在揉麵般地用力拌勻。

4

若是持續在同一處混合巧克力，大理石台上的熱度就會無法散去，而使巧克力難以降溫。所以，在混合時，最好不斷地移動位置。

5

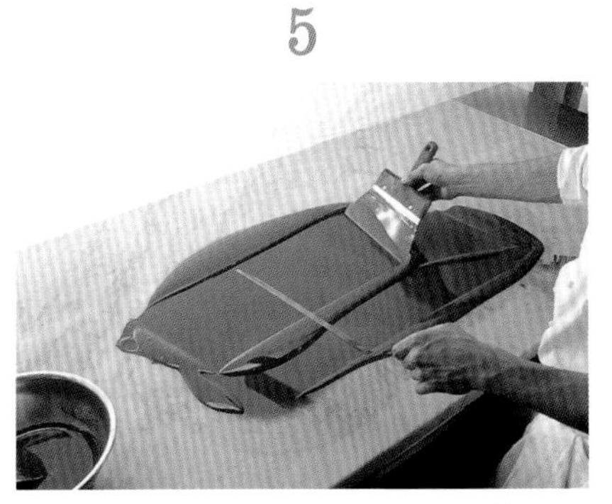

巧克力還很熱的時候，攤開的面積要大一點。等到溫度下降後，攤開的面積就要縮小。

6

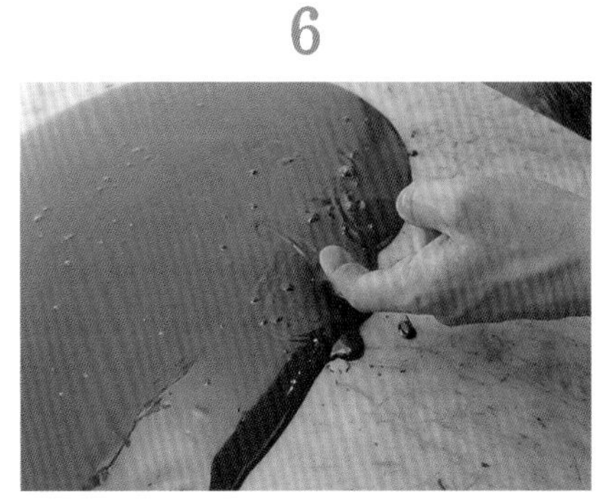

要時常用食指的指甲碰觸巧克力，來確認溫度。若覺得還是溫的，就繼續混合。等到覺得變冷時，就OK了（28～29℃）。

Questions et réponses

Q: 融化巧克力時，若溫度高於應設定的溫度時，會怎樣？

R: 巧克力中的蛋白質因焦掉變質，看起來會變得很粗糙。

Q: 若溫度降得比應調節的結晶溫度還低，會怎樣？

R: 結晶的可可奶油會不斷重疊在一起，巧克力會變厚變硬，而無法在薄層塗抹時使用。

Q: 再次隔水加熱時，若溫度過高，會怎樣？

R: 巧克力凝固後，會產生油脂浮出表面，出現白色斑紋的化學現象。

Q: 溫度調節失敗時，會怎樣？

R: 若是溫度降得過低，導致巧克力變硬時，可再度融化巧克力，讓溫度昇高後，再重覆之前的步驟。若是溫度過高，或未完全降到結晶溫度時，就要先讓巧克力降溫到可結晶的溫度再說。

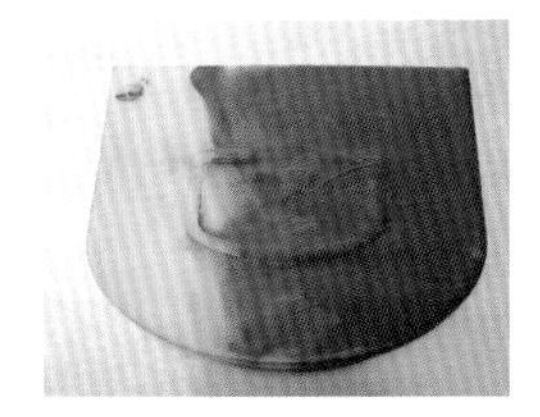

失敗例　無法凝固，或即使凝固了，表面卻出現白色斑紋的時候，就要重新從步驟2開始做起。

10

先隔水加熱約5秒。從熱水中移開，繼續充分攪拌，保持在不結塊，易流動的狀態（31～32℃）。

11

在卡片上沾滿半面的巧克力，放置約4～5分鐘。巧克力若是沾得不夠多，就無法判斷正確。

12

若凝固後看起來像照片中般有光澤，調溫的步驟就完成了。

LE CORDON BLEU
LE CHOCOLAT

巧克力點心的製作範例解説

無人不知，無人不曉的巧克力，即使形狀、味道變化多端，不勝枚舉，卻同樣受到各種不同年齡層的人的喜愛。

巧克力具有魔法般的神奇功效，是種讓人吃了不但可以元氣大增，還能夠沉醉在優雅的氣氛中。

由此可見，巧克力所蘊藏的魅力無限。

如果能夠先了解巧克力的歷史、原產國、製造過程，及處理這樣脆弱食材的方式，就可以開始進一步學習運用巧克力來變換出各式各樣迷人的點心了！我們可以單純品嚐巧克力的誘人風味或它的芳醇香味，也可以配合其它的食材，讓做出來的食物味道變化無窮。接下來，將依糕點、塔、烘烤糕點、甜點、小巧烘烤糕點、巧克力糖、巧克力甜點、巧克力工藝，分門別類地為您介紹34道巧克力糕點的製作方法。本書的內容深淺兼具，包羅萬象，從簡單易做的熱飲，到難度高的巧克力製作範例都有，無論您只是想輕鬆學習嘗試，或想更精進提昇製作技巧，都可作為提供參考。在您一樣樣試作之後，或許您就會在不知不覺中，完全傾倒在巧克力的魅力之下呢！

希望本書能夠讓您更加精進運用巧克力這種誘人的食材！

在您開始製作糕點前，請先注意以下幾點：

■ 介紹作法的內容部分，若標示著 *les ingrédients pour 8 personnes* ，則表示此為「8人份的材料」。「commentaires」意指「技巧的提示」，「page 32」意指「作法參考第32頁」。

■ 製作範例中所使用的巧克力，皆為覆蓋巧克力（chocolat de couverture）。（ ）內的%，代表可可含量比例。未標示時，請依個人之喜好來選用。巧克力的廠牌，也請依個人的喜好來決定。

■ 材料部分所示之「chocolat noir」，意指所有黑巧克力（「amer」為「苦甜巧克力」，「mi-amer」為「半甜巧克力」），「chocolat au lait」為「牛奶巧克力」，「chocolat blanc」為「白巧克力」。

■ 奶油全部使用「無鹽（不含食鹽）奶油」。砂糖使用的是細砂糖、糖粉。手粉、模型、塗抹在烤盤上的奶油、粉類、砂糖，皆不在所示之分量內。

■ 烤盤使用的是有鐵弗龍加工過之烤盤。若是沒有，可用刷子在烤盤上塗抹上薄薄一層的奶油，或鋪上烤箱紙。紙類使用烤盤紙、硫酸紙。

■ 工作台以大理石台最為理想。

■ 書中所示的烘烤時間為約略的所需時間，請您依實際使用的烤箱狀況再略作調整。

CHOCOLAT CHAUD
熱巧克力

寒冬的日子裡，來杯熱騰騰的熱巧克力吧！既可溫暖您的身心，喝起來又香醇美味。

les ingrédients
pour
8 personnes

黑巧克力（70%） 100g
牛奶 500ml
鮮奶油 120ml
細砂糖 50g

1 將黑巧克力切碎，放入攪拌盆內。

4 用攪拌器混合。

2 將牛奶、鮮奶油、細砂糖放入鍋內加熱，時時攪拌，直到沸騰。

5 將剩餘的**2**倒入約1/2的量，邊攪拌混合。

3 將沸騰過的**2**倒一點到**1**的巧克力中。

6 再倒入**2**最後剩餘的部分混合，就完成了。

MOUSSE AU CHOCOLAT

巧克力慕斯

巧克力慕斯，加上蛋白霜（Meringue），變得更加鬆軟，入口即化。

les ingrédients
pour
8 personnes

黑巧克力（70%） 250g
鮮奶油 20ml
蛋黃 4個
奶油 70g
康圖酒 (COINTREAU) 50ml

蛋白 350g
細砂糖 50g

1 將黑巧克力切碎，放入攪拌盆內。

7 將奶油放入另一個攪拌盆內，用攪拌器混合成蠟狀後，加入一點**6**的巧克力混合。

2 打發蛋白，製作蛋白霜。等氣泡變粗後，先加入1/3量的細砂糖打發，再加入1/3量的細砂糖打發。最後，加入剩餘的細砂糖，充分打發到像照片中可以形成立體狀，就完成了。

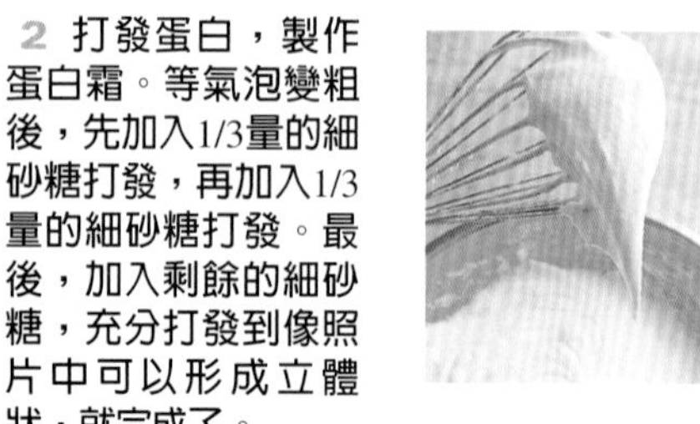

8 將**7**倒入**6**的巧克力內，用攪拌器混合。

3 隔水加熱**1**的巧克力。

9 先加入1/3量的康圖酒混合，再加入1/3量混合，最後，加入剩餘的量混合。

4 邊用橡皮刮刀攪拌，使巧克力融化。完全融化後，立即從爐火上移開（此時巧克力的溫度約40℃）。

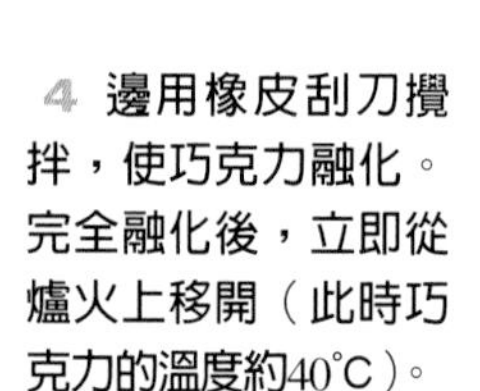

10 將**2**的蛋白霜加一點到**9**裡，用攪拌器迅速混合。

5 加入鮮奶油混合。

11 先用橡皮刮刀將**2**的蛋白霜往盆內集中，再將**10**倒入。

6 將蛋黃分別一個個地加進去混合。混合到沒有結塊，均勻而柔順的狀態。

12 用橡皮刮刀，由中央往外，注意不要弄破氣泡，慢慢混合。等混合到沒有結塊的狀態，就大功告成了。

ŒUFS GARNIS AU CHOCOLAT
凍巧克力蛋

這道巧克力點心，口感有如水波蛋（Œuf poche）般，柔軟有彈性，杏仁味濃郁。

les ingrédients
pour
12 personnes

去皮杏仁　200g
牛奶　500ml
牛奶巧克力　200g
吉力丁片　8片
鮮奶油　200ml
杏仁酒（Amaretto）　適量
（依個人喜好）
蛋殼　12個

1 從蛋的上面切開，取出蛋黃、蛋白後，用冷水洗乾淨，去內膜，再用熱水（手可伸進去的熱度）清洗，殺菌。如果省略了這個步驟，蛋殼內的填充物就容易腐壞。

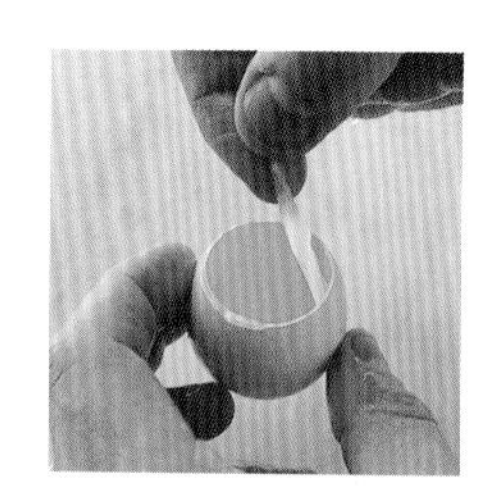

2 將杏仁切碎，放入容器中。明膠片用冷水泡軟備用。

3 將牛奶、杏仁放進鍋內加熱，在即將沸騰前關火。然後，蓋上鍋蓋，在室溫下放置一晚，讓杏仁的香味融入牛奶裡。

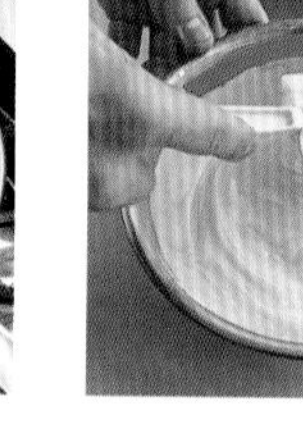

4 將牛奶巧克力切細碎，放入攪拌盆內。

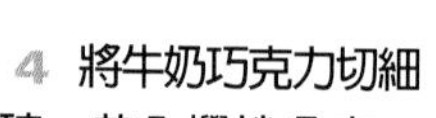

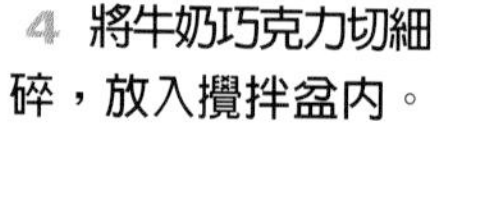

5 將3過篩，牛奶倒入鍋內，杏仁丟棄。

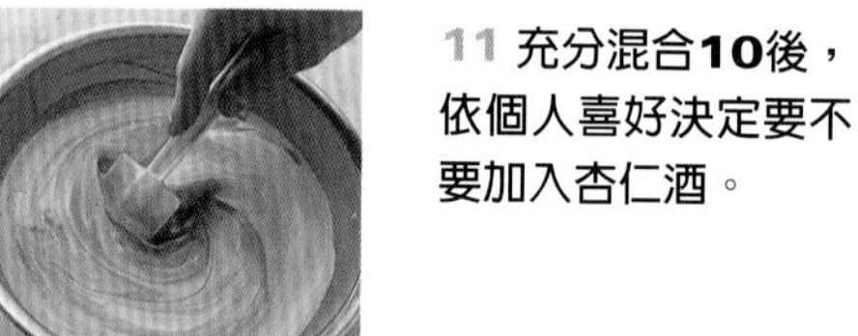

6 將5加熱，沸騰後，從爐火移開。將2的明膠片充分瀝乾後，加入鍋內，混合到完全融化。

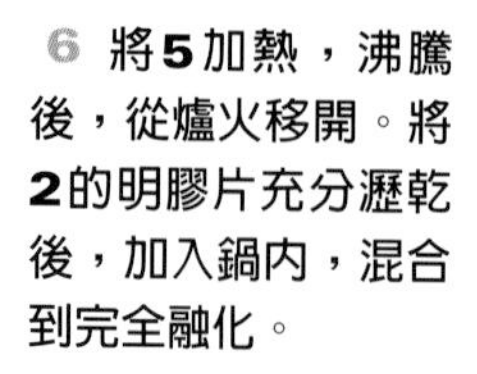

7 將6分成2~3次，倒入4的巧克力裡混合，讓巧克力融化。

8 將7的攪拌盆放在冰上，冷卻到還不會凝固的程度為止。

9 將鮮奶油放入另一個攪拌盆內，加入少量的8，用橡皮刮刀混合。

10 將9倒入8內。

11 充分混合10後，依個人喜好決定要不要加入杏仁酒。

12 將11倒入漏斗（entonnoir）或量杯中，再注入蛋殼內。放入冰箱中冷藏1小時，就完成了。

SOUFFLE AU CHOCOLAT
巧克力舒芙雷

舒芙雷是道最常見的餐後甜點。在用湯匙舀下去的一瞬間，帶著巧克力香的熱氣就會整個散發出來喔！

les ingrédients pour 8 personnes

蛋黃　4個
牛奶　300ml
細砂糖　80g
低筋麵粉　10g
玉米粉　10g
黑巧克力　100g

蛋白　300g
細砂糖　60g

1 用毛刷在舒芙雷模內塗上奶油（未列入材料表），放進冰箱冷藏備用。將黑巧克力切細碎，放入容器內備用。

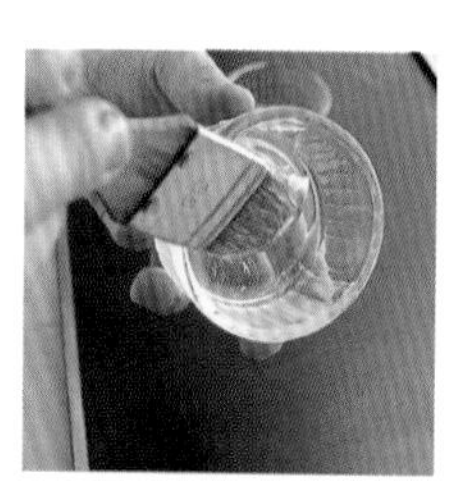

2 將蛋黃、1/2量的細砂糖（約40g）放進攪拌盆內攪拌。將牛奶、剩餘1/2量的細砂糖放進鍋內，加熱到沸騰。

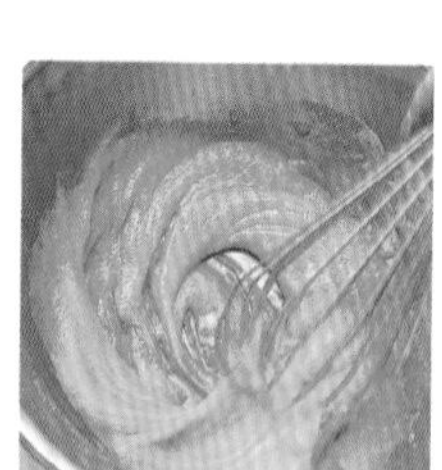

3 用網篩將低筋麵粉、玉米粉篩入**2**的蛋黃內，攪拌混合。

4 將**2**的牛奶加入**3**裡，用攪拌器混合後，用網篩過篩，倒入鍋內。

5 加熱**4**，邊用攪拌器混合。沸騰後，改用小火，繼續混合約2分鐘，再關火。

6 將**1**倒入**5**裡混合。

7 在托盤內鋪上保鮮膜，將**6**倒在上面。用保鮮膜包起來，放在冰塊上冷卻。

8 再次在舒芙雷模內塗上奶油，再撒滿細砂糖（未列入材料表），放進冰箱冷藏。

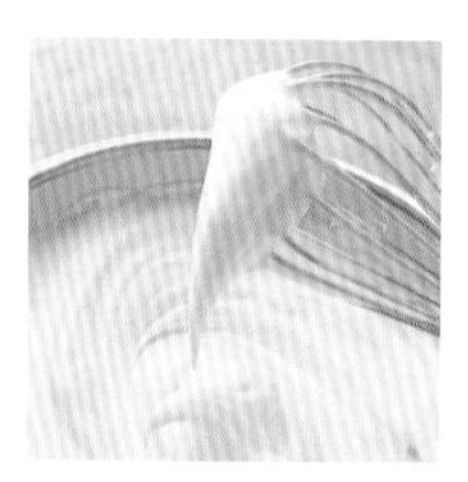

9 打發蛋白，製作蛋白霜。等氣泡變粗後，先加入1/3量的細砂糖打發，再加入1/3量的細砂糖打發。最後，加入剩餘的細砂糖，充分打發到像照片中可以形成立體狀，就完成了。

10 將**7**倒入網篩內，用橡皮刮刀過篩，同時加入1/3量**9**的蛋白霜，用橡皮刮刀仔細混合均勻。

11 將**10**倒入**9**剩餘的蛋白霜內，邊轉動攪拌盆，邊用橡皮刮刀，從中央向外，像要舀起般地仔細混合。

12 先用夾子夾住擠花袋口（不用裝上擠花嘴），將**11**裝入擠花袋內。然後，擠入**8**的舒芙雷模內。用抹刀將表面整平，邊緣整齊後，放進烤箱，用160°C烤10~15分鐘。

GLACE AU CHOCOLAT

巧克力冰淇淋

這道巧克力冰淇淋，因為使用了不含糖分的可可塊，更能突顯出巧克力的原味，嚐起來味道更香醇濃郁。

les ingrédients pour 8 personnes

可可塊	100g
牛奶	600ml
鮮奶油	250ml
細砂糖	250g
蛋黃	8個

1 將巧克力（可可塊）切細碎，放入攪拌盆內備用。

2 將牛奶、鮮奶油放入鍋內，加入1/2量的細砂糖，加熱。

3 將蛋黃放進攪拌盆內攪拌，再加入剩餘的細砂糖。

4 用攪拌器充分攪拌。

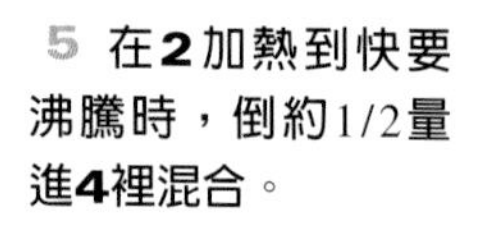

5 在**2**加熱到快要沸騰時，倒約1/2量進**4**裡混合。

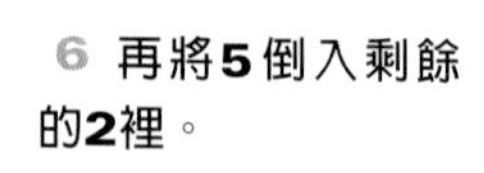

6 再將**5**倒入剩餘的**2**裡。

7 將**6**移到大鍋子內加熱，同時用木杓慢慢混合。

8 不時地關火，用手指碰觸木杓再拉開，確認濃稠度，到變成黏糊狀（85˚C）為止。

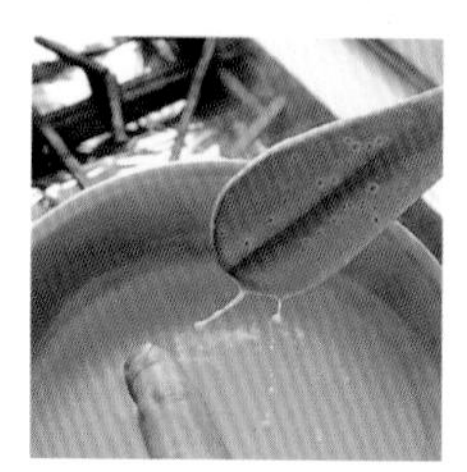

9 等到**8**變成85˚C後，就從爐火移開，加入**1**的巧克力（可可塊）。

10 改用攪拌器混合。

11 整個攪拌均勻。

12 將**11**過篩後，放在冰上，邊用橡皮刮刀攪拌混合，冷卻。然後，放入冰淇淋機內攪拌，製成冰淇淋。

TOCHOCO
巧克力凍

這道巧克力凍，吃起來像豆腐般滑嫩，加上酸甜的南國風味水果，更加能夠突顯出牛奶巧克力的美味。

les ingrédients
pour
8 personnes

〈巧克力凍〉
牛奶巧克力　150g
細砂糖　10g
果膠　3g
牛奶　350ml

〈水果醬〉
什錦水果泥（百香果、香蕉、鳳梨的混合水果泥）500g
杏桃鏡面果膠　100g
百香果　1個

〈巧克力醬〉
黑巧克力（64%）　270g
牛奶　300ml
葡萄糖（glucose，又稱水飴）　75g

〈裝飾〉
芒果　1個

1 製作巧克力凍。將牛奶巧克力切細碎，放入攪拌盆備用。

2 將細砂糖、果膠、少量的牛奶放進小一點的攪拌盆內，用攪拌器混合。

3 將**2**倒入鍋內，加入剩餘的牛奶混合，加熱。

4 等到**3**沸騰後，就加一點到**1**已切碎的巧克力中混合。

5 然後，再將**3**一點點地加入混合。

6 將**5**倒入小一點的攪拌盆內，放入冰箱冷藏。

7 製作水果醬。將百香果切成兩半，用湯匙取出果肉，放進攪拌盆內。

8 加些什錦水果泥到杏桃鏡面果膠內，用手提電動攪拌器混合。

9 將剩餘的什錦水果泥加入**8**裡，同樣用手提電動攪拌器混合，再將**7**加入，用橡皮刮刀混合。然後，用保鮮膜蓋好，放進冰箱冷藏。

10 製作巧克力醬。將黑巧克力切細碎，放入攪拌盆。將牛奶、葡萄糖放進鍋內，邊加熱邊混合。

11 將**10**的牛奶加入切碎的巧克力內，用攪拌器混合。

12 再用手提電動攪拌器（Mixeur）攪拌到變得柔滑後，放入冰箱中冷藏。將**6**及切成小塊的芒果盛裝到盤上，再加上**9**的水果醬。

TARTES CHOCOLAT NOISETTES ET ORANGE

榛橙巧克力塔

酥脆的甜酥麵糰，包裹著榛果帕林內（praline）、濃稠的糖漬香橙，上面覆蓋著軟綿綿的巧克力蛋糕烘烤而成，是道極其講究的塔。

les ingrédients
pour
8 personnes

直徑15×3cm 的圓形中空模1個

〈甜酥麵糰〉

低筋麵粉	160g
糖粉	60g
榛果粉	25g
奶油	80g
蛋	35g
鹽	1撮

〈榛果帕林內（praline）〉

榛果	200g
細砂糖	100g

〈糖漬水果（compote）〉

香橙	2個
紅糖	90g
細砂糖	70g
蜂蜜	35g
水	適量

〈榛果巧克力海綿蛋糕〉

榛果粉	60g
可可粉	17g
低筋麵粉	3g
糖粉	70g
蛋白	95g
細砂糖	10g
帶皮杏仁（切碎）	適量
糖粉	適量

黑巧克力page 14　250g

1 製作甜酥麵糰。榛果粉、低筋麵粉、糖粉用網篩過篩，撒在大理石台上，再加上鹽。

2 撒一點**1**的粉在冰過的奶油上，用擀麵棍敲成薄板狀。

3 用刮板邊切奶油，邊與粉混合。

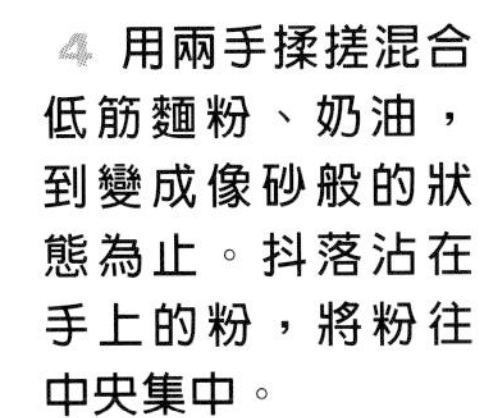

4 用兩手揉搓混合低筋麵粉、奶油，到變成像砂般的狀態為止。抖落沾在手上的粉，將粉往中央集中。

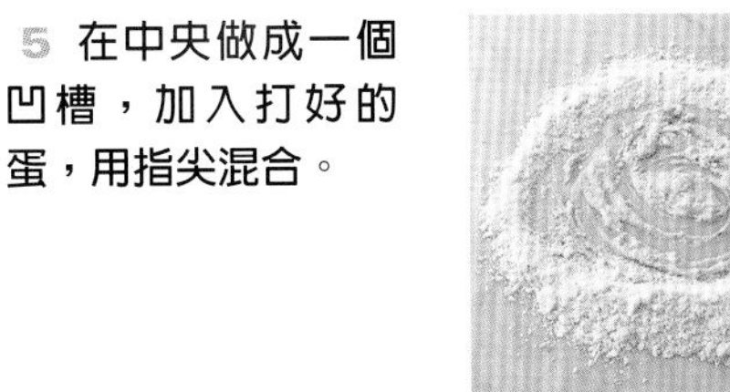

5 在中央做成一個凹槽，加入打好的蛋，用指尖混合。

6 左手拿著刮板，把粉集中在一起，再用手掌由裡往外壓般地混合。等到變得柔滑後，再迅速混合，整合成球狀。

7 將**6**壓平，用保鮮膜包起來，放入冰箱中冷藏至少3小時。如時間充裕，放1天會更好。

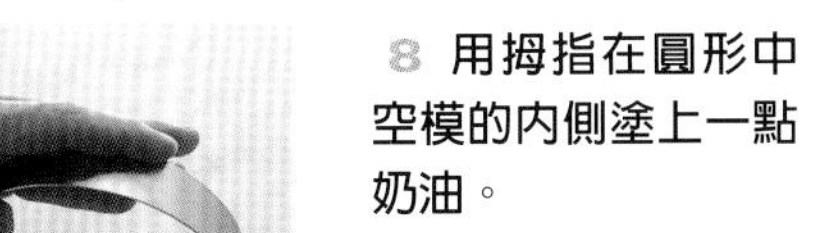

8 用拇指在圓形中空模的內側塗上一點奶油。

9 在大理石台上撒一些手粉（未列入材料表），先用擀麵棍敲**7**的麵糰，然後，邊將麵糰轉90度，邊擀開成2~3㎜的厚度。若是週遭的溫度很高，應先放進冰箱冷藏一下，再進行這個步驟。

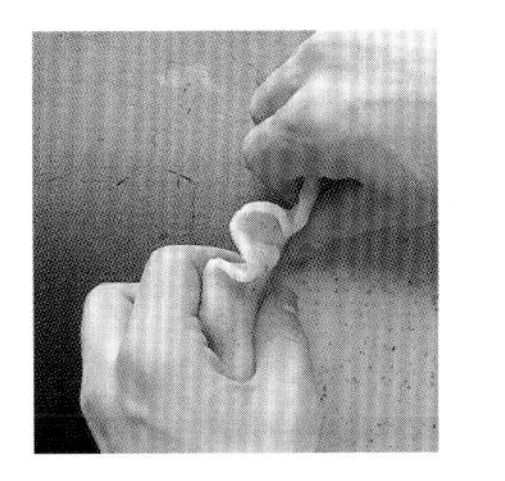

10 將**9**的麵皮套在**8**的圓形中空模上，整理成形。將圓形中空模稍微抬高，用拇指壓，讓麵皮套進框內。

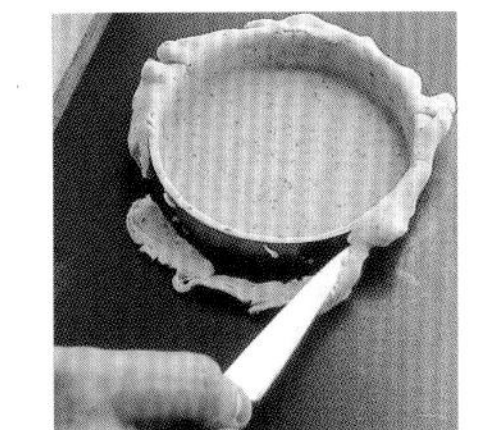

11 用小刀，由內往外，邊轉動框模，邊切除多餘的麵皮。

12 底部用叉子打通氣孔，放進冰箱冷藏約15分鐘。然後，用烤箱以170℃烤20分鐘（可酌情增減70%）。待冷卻後，脫模。

13 製作榛果帕林內（praline）。將細砂糖、少許的水放入鍋內，加熱熬煮到沸騰，再加入榛果，用木杓迅速混合，讓水分蒸發。

14 等到榛果都沾滿了糖漿後，就從爐火移開，繼續混合到糖結晶，榛果像被撒上了白色粉末般的狀態為止（變成砂狀）。

15 再次加熱。注意不要燒焦了，慢慢不停地混合，讓榛果變熱，包裹的砂糖融化，熬煮入味。先用小火，再用中火。

16 攤在矽膠烤盤布（Caoutchouc silicone）上冷卻。若沒有這種烤盤布，也可在烤盤上抹油，攤放在上面。

17 製作糖漬水果。柑橘不要去皮，水煮2小時。去蒂去籽，切碎。

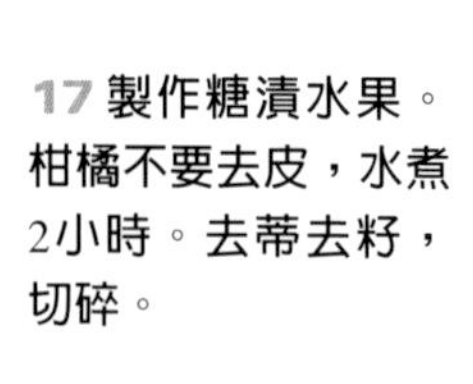

18 將**17**秤260g，放入平鍋或平底鍋（有鐵氟龍加工的）內，再加入紅糖、細砂糖、蜂蜜。

19 加熱混合**18**，加些水進去，不時地攪拌混合，熬煮15～20分鐘。

20 用電動攪拌機將**16**的榛果，攪拌成粉狀（比糊狀稍硬，即再繼續攪拌就會變成糊狀之前的狀態）。

21 將1/2量的**20**鋪在**12**的底部。

22 將**19**的糖漬水果留些許下來作裝飾用，其餘的切細碎，適量地放進**21**裡，再用湯匙整平。需空出約2cm高度的空間。

23 製作榛果巧克力海綿蛋糕。榛果粉、可可粉、低筋麵粉、糖粉用網篩過篩，撒在紙上。

24 將蛋白放入攪拌盆內打發，等泡沫變粗，再將細砂糖分成4次加入，打發到可以形成立體狀為止。

25 加入少許的**23**，用橡皮刮刀，從攪拌盆的中央向外，像要沓起般地混合。然後，再將剩餘1/2量的**23**加入混合後，再加入最後剩餘的部分，慢慢混合。

26 將**25**裝入擠花袋內（不用裝上擠花嘴），先在**22**的邊緣擠一圈，再從中央往外側擠。

27 再同樣從中央往外側，擠第二層。然後，用抹刀整理成圓頂狀。

28 將切碎的帶皮杏仁灑在上面。

29 將糖粉過篩，撒滿整個表面。

30 套上圓形中空模，放進烤箱，用165~170℃烤15~20分鐘。待冷卻後，脫模。

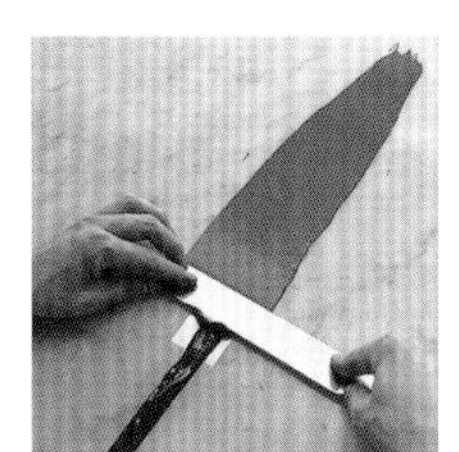

31 將半透明的保鮮膜鋪在大理石台上後，再將調溫（temperage）過的黑巧克力倒在上面，用抹刀抹開來。

32 用鋸齒形刮刀（Peigne）刮出直條紋來。

33 上下兩端切齊，移到烤盤上。

34 上端用磁鐵固定住，從下端捲起來。

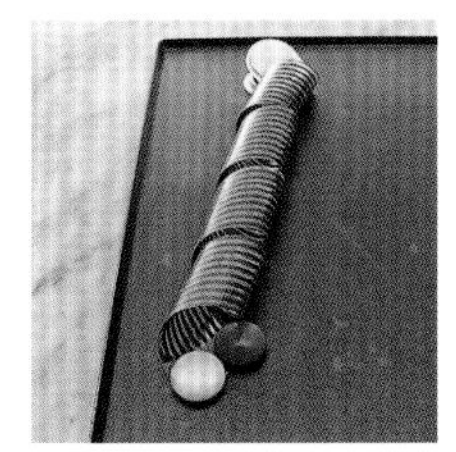

35 捲完後，放進冰箱冷藏。裝飾用的樹枝部分就完成了。

36 將紙捲成圓錐狀，把黑巧克力裝進去，在紙上擠出樹葉的形狀，放進冰箱中冷藏。待變硬後，連同**35**的樹枝，放在**30**上，作裝飾。

CAKE AU CHOCOLAT
巧克力蛋糕

MOELLEUX AU CHOCOLAT-NOISETTES

榛果巧克力蛋糕

CAKE AU CHOCOLAT

巧克力蛋糕

這是種含有大茴香風味的杏仁膏、乾燥水果，巧克力味道濃郁香醇的磅蛋糕。

les ingrédients
pour
8 personnes（1個的份量）

黑巧克力（70%） 110g
牛奶 225ml
低筋麵粉 270g
可可粉 55g
泡打粉 4g
羅瑪斯棒（杏仁含量較高的marzipan） 210g
糖粉 250g
蛋 300g（約6個）
融化奶油 270g
杏桃乾 300g
開心果（Pistachio） 50g
低筋麵粉 1大匙

〈茴香塊〉
羅瑪斯棒（杏仁含量較高的marzipan） 150g
茴香酒（Pastis） 適量

1 製作茴香塊。將羅瑪斯棒、茴香酒放進攪拌盆內，用手混合。

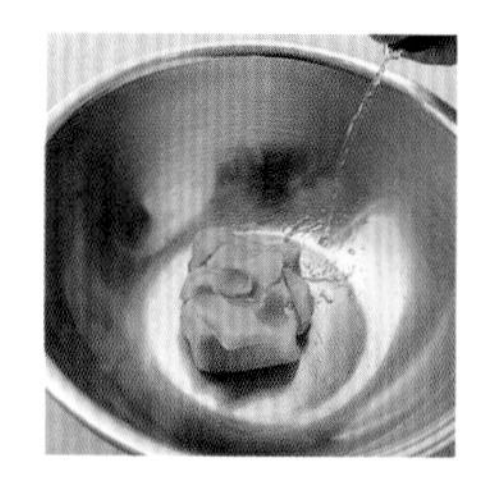

2 在大理石台撒上糖粉（未列入材料表）後，將**1**做成直徑1cm的棒狀。

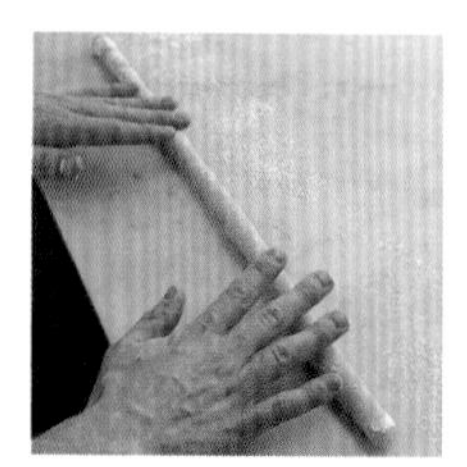

3 用刮板切成1cm長的小段，放在鋪著紙的烤盤上。

4 將杏桃乾切碎，放進攪拌盆內，再加入開心果，用手像要撈起般地混合。

5 先在長型模（Moule a cake）內側塗上奶油（未列入材料表），再將硫酸紙依模型大小裁切好後，貼在內側裡。

6 將黑巧克力切碎，放進攪拌盆內。

7 將牛奶放進鍋內加溫，再一點點地倒入**6**裡，邊用攪拌器混合。冷卻後，再放進冰箱內冷藏。

8 將低筋麵粉、可可粉、泡打粉放進網篩，篩入攪拌盆內。

9 將羅瑪斯棒、糖粉一起放進攪拌盆內，用電動攪拌機攪拌。

10 將羅瑪斯棒、糖粉混合均勻。

11 開動電動攪拌機，並將蛋一個個加進去攪拌混合。

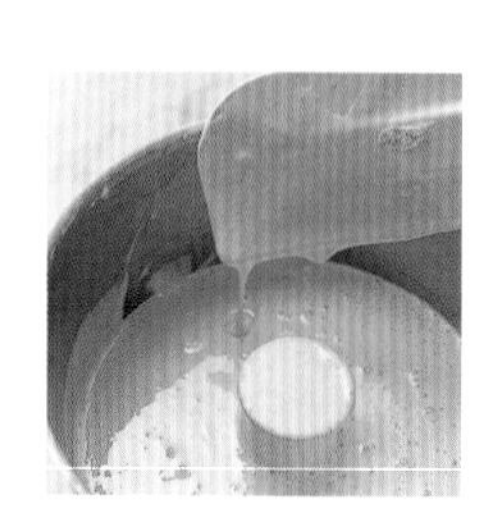

12 繼續用電動攪拌機攪拌到像照片中般柔滑的狀態。

13 將融化奶油放進攪拌盆內，置於冰塊上，用橡皮刮刀混合降溫。

14 開動電動攪拌機，邊攪**12**，邊將**13**倒入，攪拌混合。

15 將**14**倒入大的攪拌盆內。

16 邊用攪拌器攪拌**15**，邊將**8**一點點地加入混合。

17 繼續將**8**一點點地加入混合。

18 將冷藏過的**7**一點點地加入**17**內攪拌混合。

19 將1大匙的低筋麵粉加入**4**裡，再用手混合。

20 再將**3**的茴香塊放進去，小心攪拌混合。

21 將**20**倒入**18**裡，用橡皮刮刀小心混合。

22 將**21**倒入**5**的長型模內，約3/4滿為止。再放進烤箱，用180°C，烤約40分鐘。

MOELLEUX AU CHOCOLAT-NOISETTES

榛果巧克力蛋糕

這種蛋糕，底層酥脆，上層溼潤而帶有濃郁的巧克力香味，還混合了豐富的榛果。

les ingrédients
pour
8 personnes

matériel:
18×18cm 的方形中空模1個

〈酥粒麵皮〉
榛果粉　50g
糖粉　50g
低筋麵粉　50g
冰奶油　50g

〈榛果帕林內（praline）〉
榛果　100g
細砂糖　50g
水　20ml

〈榛果巧克力蛋糕〉
可可塊　40g
低筋麵粉　40g
糖粉　100g
榛果粉　135g
榛果　100g
奶油（製作焦奶油）　40g
蛋白　200g
細砂糖　65g

黑巧克力page 14　250g

榛果巧克力page 44　200g

1 製作榛果帕林內（praline）。將細砂糖、20ml的水放進鍋內加熱，熬煮到沸騰，再加入榛果。用木杓迅速攪拌混合，讓水分蒸乾。

7 將**6**放進網篩內，再用另一個網篩蓋住來過篩，讓細小的粉粒掉落下來。

2 等榛果沾滿了糖漿後，從爐火移開，繼續混合到糖結晶，榛果像被撒上了白色粉末般的狀態為止（變成砂狀）。

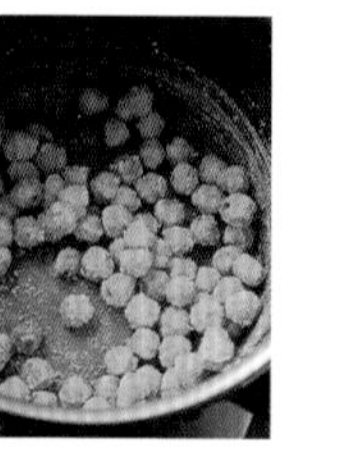

8 將還留在網篩內的**7**攤在鋪著硫酸紙的烤盤上，放進冰箱冷藏約5分鐘。

3 再次加熱。注意不要燒焦了，慢慢不停地混合，讓榛果變熱，包裹的砂糖融化，熬煮入味。先用小火，再用中火。

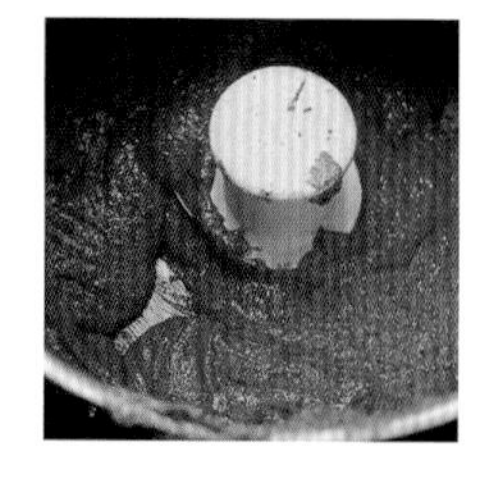

9 將**4**的榛果預留一點下來作裝飾用，其餘的放進電動攪拌機內，攪拌成糊狀。

4 攤在矽膠烤盤布上冷卻。若沒有這種烤盤布，也可在烤盤上抹油，攤放在上面。

10 將矽膠烤盤布鋪在烤盤上，方形中空模放置其上，再將**8**倒入，均勻地填平。然後，放進烤箱，用180°C烤約15分鐘。

5 製作酥粒麵皮。將榛果粉、糖粉、低筋麵粉、放進網篩，篩入攪拌盆內。再加入冰奶油，用刮板邊切碎，邊混合。

11 製作榛果巧克力蛋糕體部分。將低筋麵粉、糖粉、榛果粉放進網篩，篩入攪拌盆內。

6 先用雙手邊揉搓，邊混合成砂狀。然後，再繼續揉搓，混合成小糰塊狀。

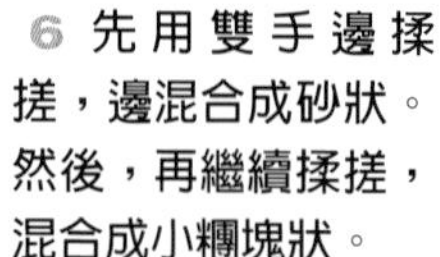

12 製作焦奶油。將奶油放進鍋內，加熱到整個開始冒泡，發出劈哩啪啦的聲音時，就用圓錐形過濾器過濾。這樣可以過濾掉沉澱在鍋底的殘渣，避免焦奶油變苦。

13 將巧克力塊切碎，放進攪拌盆內。再加入**12**的焦奶油，用橡皮刮刀混合。

14 將榛果放進攪拌盆內，用擀麵棍的前端敲碎（大約分成兩半的大小，不要太小）。

15 將蛋白放進攪拌盆內，稍微打發後，再將細砂糖一點點地加入，打發到可以形成立體狀為止，製作蛋白霜。

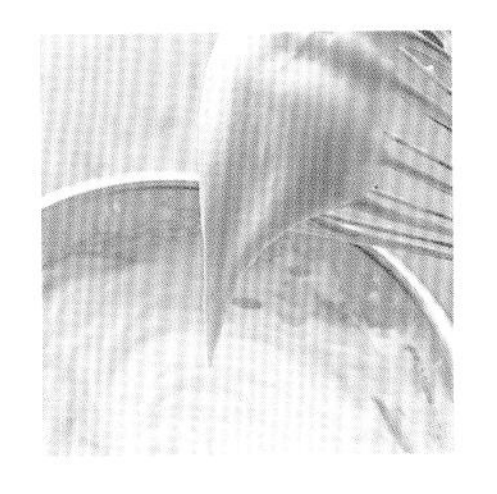

16 加一點**15**的蛋白霜到**13**的可可塊裡，用橡皮刮刀充分攪拌後，再倒入剩餘的蛋白霜裡，用橡皮刮刀小心地攪拌混合。

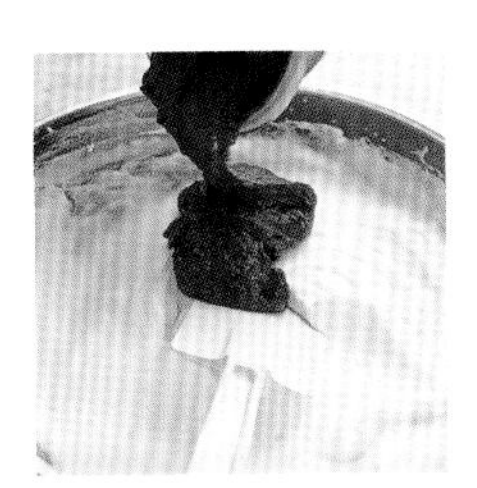

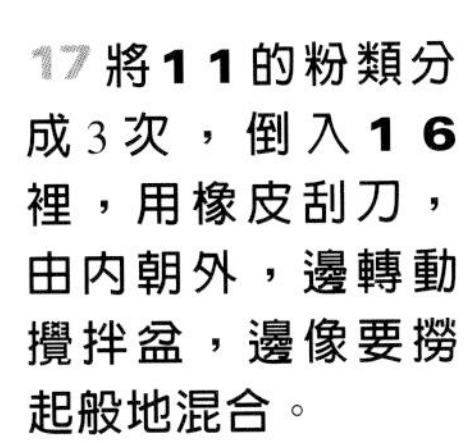

17 將**11**的粉類分成3次，倒入**16**裡，用橡皮刮刀，由內朝外，邊轉動攪拌盆，邊像要撈起般地混合。

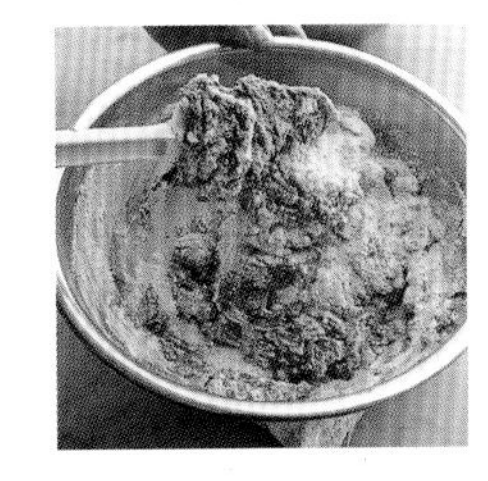

18 將**14**的榛果倒入**17**裡混合。

19 將方形中空模放在鋪有矽膠烤盤布的烤盤上，再將**18**倒入，填平。先放進烤箱，調成170℃烤40分鐘。但是，在過了20分鐘，約烤到一半的時候，要將溫度調降到150℃繼續烤。烤好後放置一晚，會更好吃喔！

20 將**10**的酥粒麵皮放在鋪了烤盤紙的烤盤上，再將**9**倒在上面，用抹刀抹成約2㎜的厚度。

21 將方形中空模套上去，把融化的榛果巧克力當作黏著劑，用毛刷塗抹一層。

22 先削掉**19**上下兩面烤過的部分，再切成2.5㎝的厚度，疊在**21**的上面，放進冰箱冷藏。

23 將玻璃紙放在大理石台上，四個角用巧克力黏住固定，再用L形抹刀將調溫過的黑巧克力抹開來。

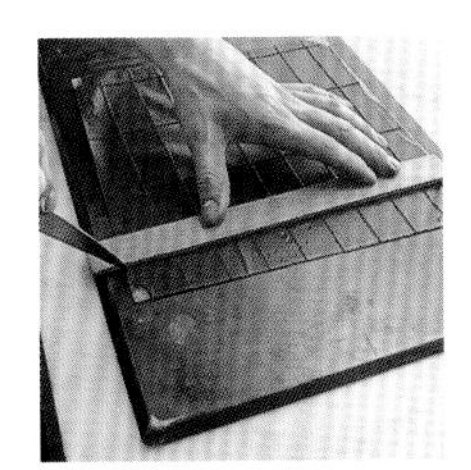

24 然後，放在烤盤的反面上，切成3×8㎝的大小，用另一個烤盤壓住。將**22**的蛋糕切塊，塗抹上榛果巧克力後，再將巧克力片放上去，擺上**9**預留的榛果，就完成了。

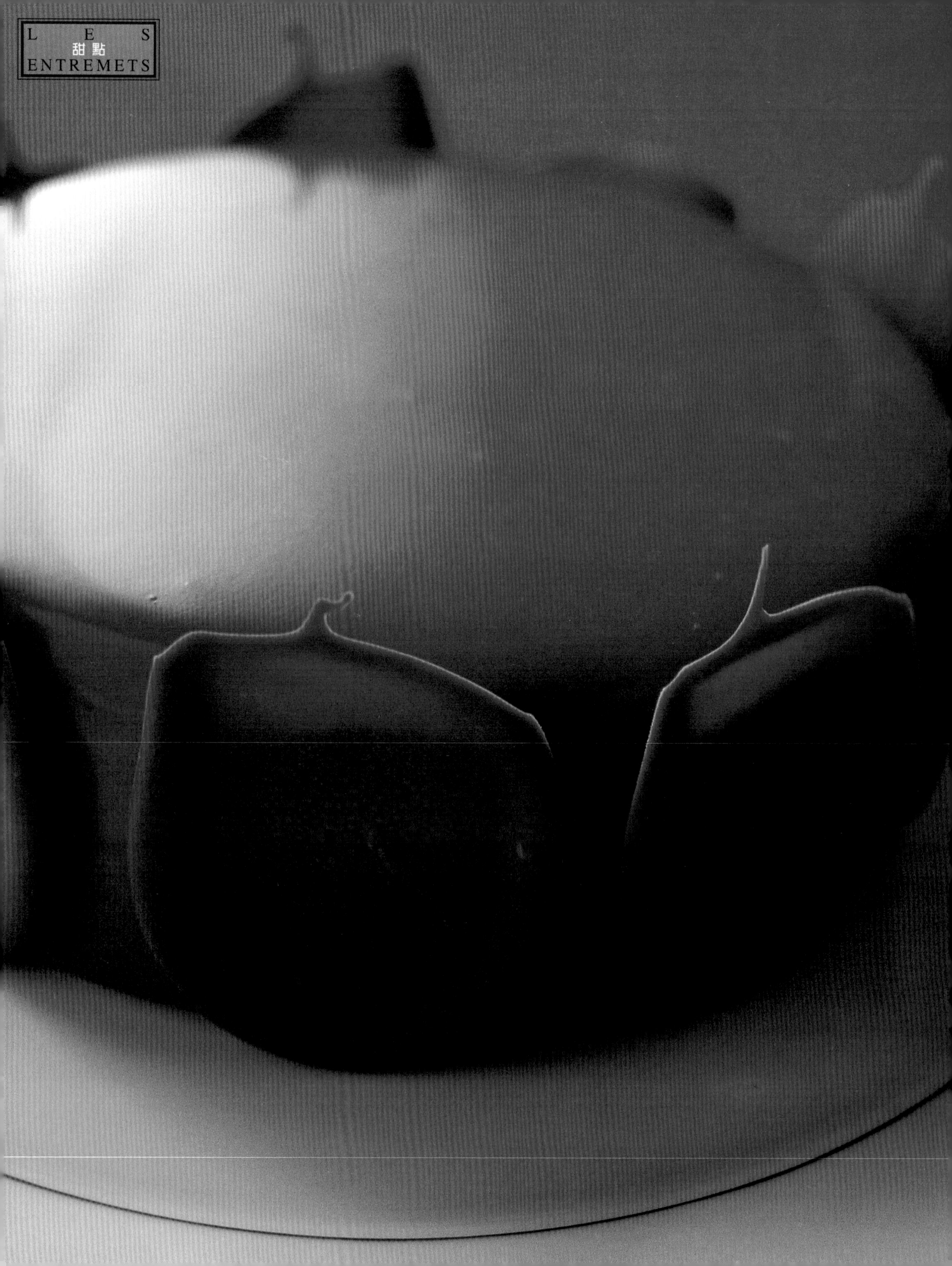

ENTREMET CAFE-CHOCOLAT

咖啡巧克力甜點

口感像布丁般的巧克力鮮奶，加上咖啡慕斯的組合，所作成的半甜巧克力甜點。

les ingrédients
pour
8 personnes

matériel：
直徑16×3cm、直徑14×3cm、直徑12×3cm、直徑15×5cm的圓形中空模各1個

〈巧克力海綿蛋糕〉
羅瑪斯棒（杏仁含量較高的marzipan） 90g
蛋黃 6個
細砂糖 70g
融化奶油 75g
低筋麵粉 75g
可可粉 50g
蛋白 6個
細砂糖 125g

〈巧克力奶油〉
牛奶 70ml
鮮奶油 70ml
蛋黃 30g
細砂糖 15g
黑巧克力 80g

〈咖啡慕斯〉
鮮奶油 75ml
牛奶 38ml
咖啡豆（磨碎） 17g
蛋黃 3個
細砂糖 15g
吉力丁片 5g
鮮奶油（打發） 170ml
細砂糖 70g
蛋白 38g
水 20ml

〈鏡面（glacage）咖啡巧克力奶油〉
細砂糖 100g
葡萄糖（glucose） 75g
奶油 15g
鮮奶油 165ml
即溶咖啡粉 5g
吉力丁片 5g
鏡面果膠 350g
牛奶巧克力 200g

〈裝飾〉
牛奶巧克力 300g

1 製作巧克力海綿蛋糕。先將羅瑪斯棒放進攪拌盆內，再將蛋黃一個個地加進去，邊用橡皮刮刀混合。等到變得柔滑後，換用攪拌器來混合。

2 將70g的細砂糖整個加入**1**裡混合。放在爐火上隔水加熱，攪拌到變白為止。

3 將已冷卻的融化奶油加到**2**裡，先用攪拌器混合。然後，再改用橡皮刮刀來混合。

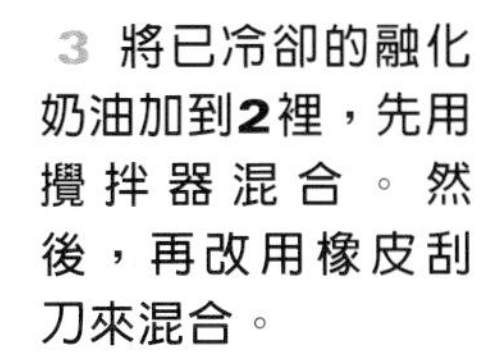

4 將低筋麵粉、可可粉放進網篩過篩，撒在紙上。

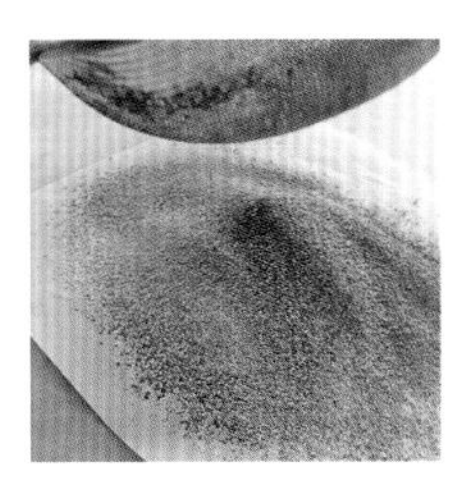

5 將蛋白放進攪拌盆內打發，再將125g的細砂糖分成4~5次加入，打發到可以形成立體狀為止，製作蛋白霜。

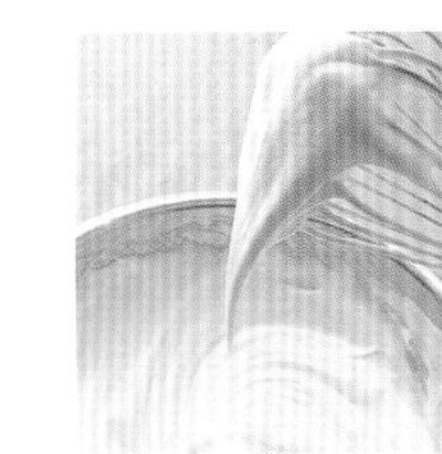

6 先加點**5**的蛋白霜到**3**裡混合，再倒回剩餘的蛋白霜裡混合。

7 先將**4**的1/3量加入**6**裡，小心地攪拌混合。然後，再加入1/3量混合。最後，加入剩餘的1/3，小心混合。

8 將矽膠烤盤布、直徑16cm的圓形中空模放在烤盤上，再將**7**倒入裡面。先放進烤箱，調成180℃烤30~40分鐘。但是，在過了20分鐘後，要將溫度調降到160℃，繼續烤到好。

9 製作巧克力奶油。先用水稍微沾溼直徑12cm的圓形中空模，用保鮮模蓋上包住，切記要拉平不起皺，再以透明膠帶黏貼固定，放在烤盤上。

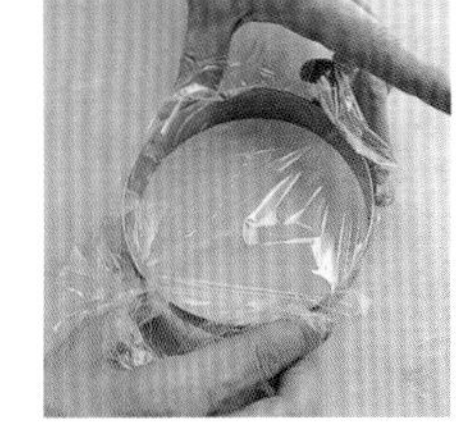

10 將牛奶、鮮奶油放進鍋內加熱。將蛋黃、細砂糖放進攪拌盆內混合，等牛奶沸騰後，將牛奶加入混合。然後，再倒回鍋內，邊用木杓混合，加熱到85℃。

11 過濾**10**，倒入攪拌盆內。然後，分成4~5次，倒入切碎的黑巧克力裡，用小一點的攪拌器混合。

12 用手提電動攪拌器，攪拌到滑順的狀態。

commentaires:

■使用羅瑪斯棒時，若處於冰冷的狀態，在跟其它的材料混合時，就容易結塊，很難混合均勻。所以，要記得在前一天就從冰箱取出，放置室溫下備用。

■巧克力海綿蛋糕烤好（步驟**8**），冷卻後，用保鮮膜包好，放進冰箱冷藏1天，會更好吃喔！

■咖啡糖漿

將100ml的水、80g的細砂糖、10g的即溶咖啡粉放進鍋內，邊加熱，邊用攪拌器攪拌。沸騰後，倒入攪拌盆內，讓它冷卻。

13 將**12**的巧克力奶油倒入**9**的圓形中空模內，放入冰箱上層冷凍1小時。

14 用瓦斯噴槍加熱外圍，脫模後，放進冰箱冷藏。

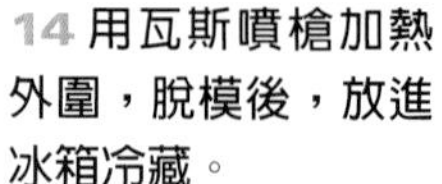

15 將刀子插入**8**的巧克力海綿蛋糕與圓框模間，讓蛋糕脫模。切除上面烤過的那面，然後翻面，橫切成厚度1cm的兩片，再分別用14cm及12cm的圓形中空模切割。

16 製作咖啡慕斯。將鮮奶油、牛奶、磨碎的咖啡豆放進鍋內加熱到沸騰後，從爐火移開。放置15分鐘後，用圓錐形過濾器過濾。

17 將20 ml的水、2/3量70g的細砂糖放進鍋內，加熱到沸騰（熬煮到120℃）。然後，滴一點到冰水裡測試，若能變成如橡皮般有彈力的球形，就OK了。

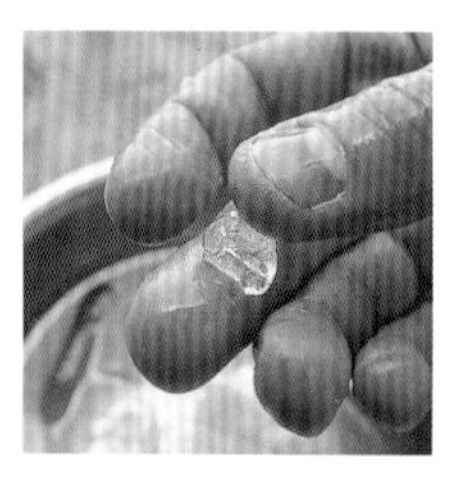

18 利用步驟**17**的空檔時間，將蛋白放進攪拌盆內，邊一點點地加入剩餘的砂糖，邊打發，製作蛋白霜。

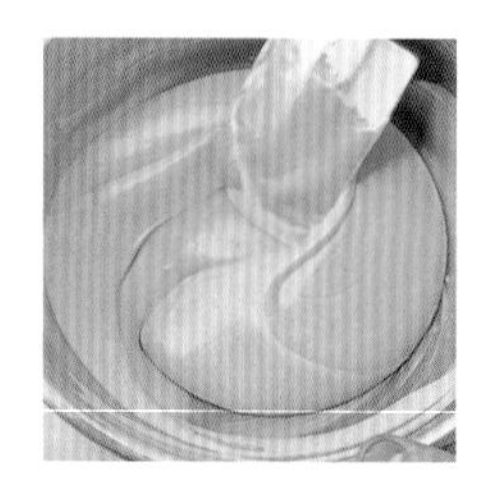

19 然後，邊打發**18**，邊將**17**一點點地倒入，慢慢地攪拌到糖漿變冷卻為止，就是義式蛋白霜（MERINGUE ITALIENNE）了。直接用保鮮膜覆蓋住蛋白霜的表面，放置室溫下。

20 先將蛋黃、15g的細砂糖放進攪拌盆內混合，再將**16**加入混合。然後，倒入鍋內，邊用小火加熱，邊用木杓混合。

21 撈起**20**的汁液，用手指碰觸，再拉開，若能拉成一條線的狀態，就OK了（85℃）。然後，從爐火移開，將已用水泡漲的吉力丁放進鍋內攪拌混合。再用圓錐形過濾器過濾，讓它冷卻。

22 在烤盤上放厚紙，再將15cm的圓形中空模放上去。在**15**的直徑14cm的海綿蛋糕上塗上咖啡糖漿，裝入圓形中空模內。

23 將鮮奶油放進攪拌盆內，打發到變得柔滑，再將**19**的義式蛋白霜加入，小心混合。

24 先將1/4量的**23**加入**21**裡，用橡皮刮刀混合後，再倒回**23**剩餘的蛋白霜裡，小心混合。

25 將**24**倒入裝上圓形擠花嘴的擠花袋內，沿著**22**的邊緣擠一圈。

26 將**14**放在**25**上面的中央。在**15**的直徑12㎝的海棉蛋糕兩面塗上咖啡糖漿，再疊放上去。

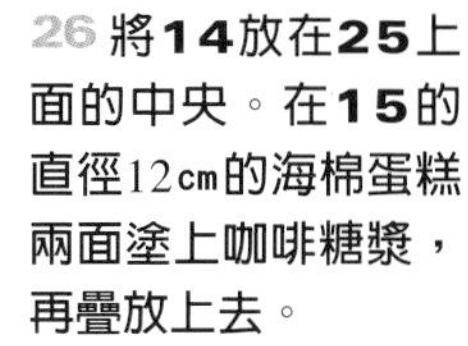

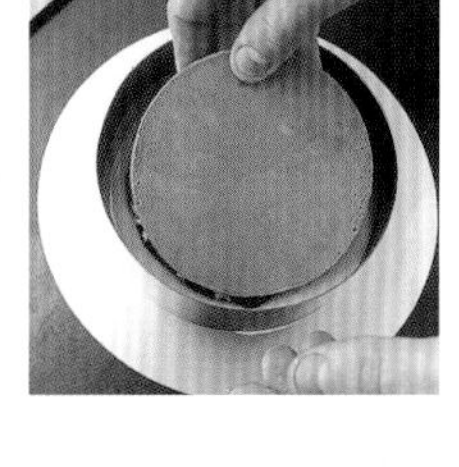

27 先將**25**的奶油沿著**26**的邊緣擠出，然後，在中央也擠上奶油，用L形抹刀抹開，整平，放進冰箱上層冷凍10分鐘。因為冰過後表面會有點變形，所以，要再擠些奶油上去，抹平。

28 製作鏡面(glacage)咖啡巧克力奶油。將鮮奶油、即溶咖啡粉放進小鍋子內，加熱，邊用木杓混合。

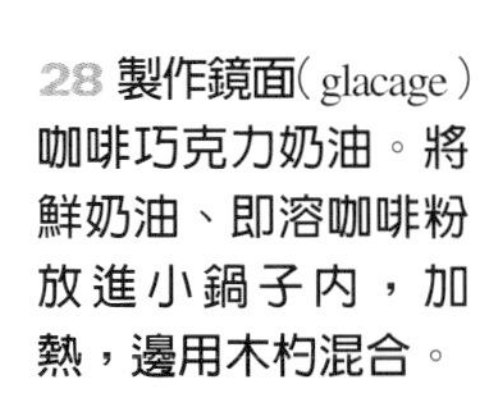

29 在進行步驟**28**時，同時進行焦糖的製作。將葡萄糖、細砂糖放進大鍋子內，邊加熱，邊用木杓混合。等開始冒泡後，就慢慢攪拌，熬煮到變成黃褐色後，從爐火移開。

30 將熱過的**28**一點點地加入**29**裡混合，再加入奶油混合，最後，加入用水泡漲的吉力丁混合。

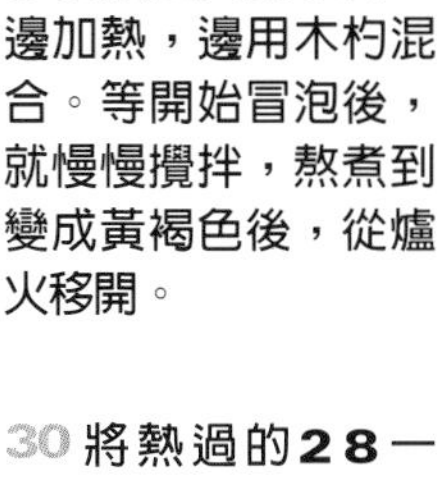

31 將切碎的牛奶巧克力放進攪拌盆內，先加點**30**進去混合，再將剩餘的部分全加進去，用攪拌器混合。如果結塊了，就隔水加熱。

32 將鏡面果膠分2次倒入，邊用橡皮刮刀混合。

33 將**32**倒入小攪拌盆內，用手提電動攪拌器混合。然後，放進冰箱冷藏1個小時以上。

34 將網架放在托盤上。用瓦斯噴槍加熱**27**的外圍，脫模。然後，放在網架上，將**33**淋上去。

35 用L形抹刀迅速整平。

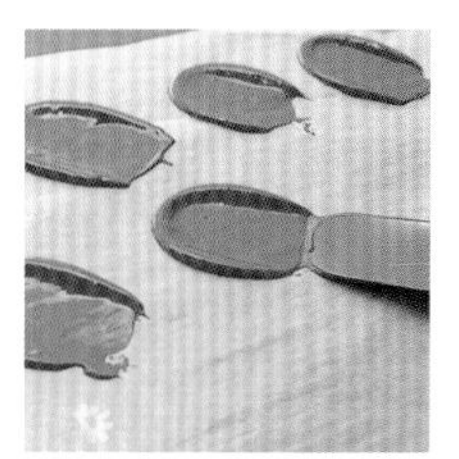

36 將烤盤翻面，硫酸紙放在上面，四角用巧克力沾黏固定住。用L形抹刀，將調溫過的牛奶巧克力，像照片中所示般地抹在硫酸紙上，放置室溫下凝固。然後，貼在**35**的側面上，作裝飾。

ENTREMET GIANDUJA
榛果牛奶巧克力甜點

這是道富含香脆杏仁的分蛋法海綿蛋糕，加上入口即化的慕斯，所組合成的牛奶巧克力風味點心。

les ingrédients
pour
8 personnes

matériel：
直徑14×3cm 、直徑15×5cm 的圓形中空模各1個

〈分蛋法海綿蛋糕〉
榛果粉　75g
糖粉　50g
蛋　1個
蛋黃　3個
可可粉　25g
玉米粉　30g
蛋白　2個
細砂糖　50g
杏仁（1個切成8塊）　40g

〈糖漿〉
水　100g
細砂糖　50g
可可粉　10g

〈榛果巧克力慕斯〉
榛果巧克力（gianduja）　400g
鮮奶油　250ml
鮮奶油（打發）　200ml

〈杏仁焦糖〉 page 68
杏仁（1個切成8塊）　100g
糖漿（BE 30°）　20ml
奶油　10g

〈鏡面黑巧克力〉
牛奶　100ml
鮮奶油　100ml
葡萄糖（glucose）　65g
杏桃鏡面果膠　15g
可可粉　10g
黑巧克力（70%）　200g

〈裝飾〉
黑巧克力　300g

commentaires:
■榛果巧克力（gianduja）就是指混合了榛果泥，加工製成的巧克力。

1 製作分蛋法海綿蛋糕。將蛋、蛋黃放進攪拌盆內攪拌，榛果粉、糖粉用網篩過篩，篩入。用攪拌器混合後，再邊隔水加熱，邊混合。

2 將可可粉、玉米粉放進網篩過篩，撒在紙上。

3 將蛋白放進攪拌盆內打發，等氣泡變得柔細後，再將細砂糖分成3~4次，邊加入，邊打發，製作蛋白霜。

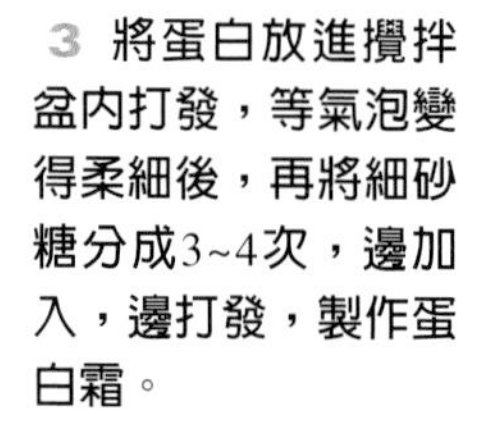

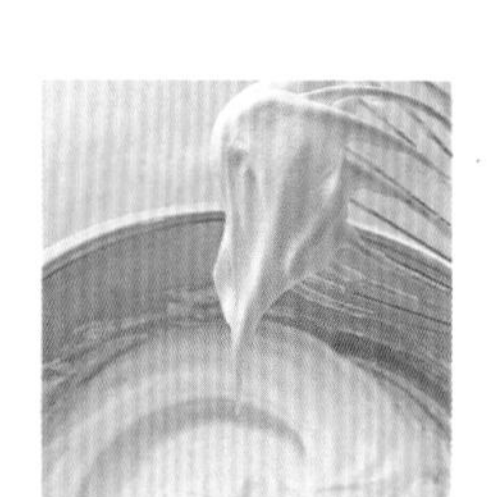

4 將**1**整個倒入**3**內，慢慢混合。

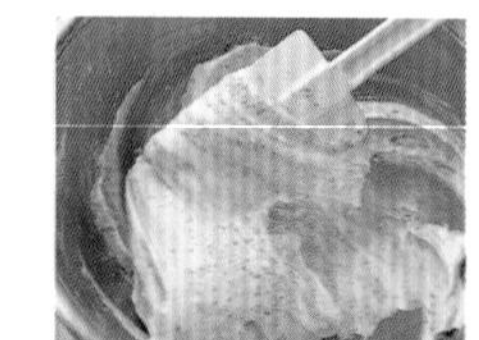

5 將約1/2量的**2**加入**4**裡混合，再將剩餘的部分全加進去，小心混合。

6 在烤盤上鋪上紙，用直徑15cm的圓形中空模沾些粉（未列入材料表），壓在紙上，作出2個圓印記號。將**5**裝入套著直徑8mm擠花嘴的擠花袋內，以圓印為標記，擠出直徑約16cm大小的螺旋狀。

7 將杏仁（1個切成8塊）撒在**6**的上面，用烤箱以190℃，烤10~15分鐘。

8 製作糖漿。將水、細砂糖放進鍋內，再加入可可粉，邊用小的攪拌器混合，邊加熱。

9 用圓錐形過濾器過濾，隔著冰塊冷卻。

10 製作榛果巧克力慕斯。將榛果巧克力切細碎，放進攪拌盆內。將250ml的鮮奶油放進鍋內，加熱到沸騰，然後將1/2量倒入巧克力裡混合。

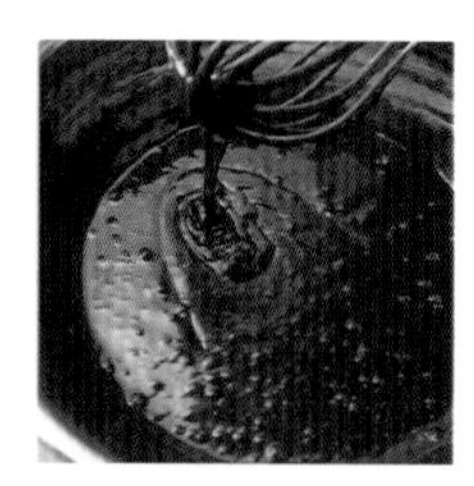

11 再將剩餘的部分一點點地倒入混合。

12 用直徑14cm的圓形中空模來切割**7**的2塊海綿蛋糕。

13 在烤盤上鋪上厚紙，將直徑15cm的圓形中空模放上去。在12的其中一塊的朝上那面塗抹糖漿後，放置在圓形中空模的中央。

19 將杏仁焦糖散亂地舀到18的上面，再加入少許16的慕斯，用湯匙整平。

14 將200ml的鮮奶油放進攪拌盆內，用攪拌器打發到六分（和11相同的柔軟度）。

20 讓12剩下的那塊海綿蛋糕的兩面整個吸滿9的糖漿。

15 將1/2量的14加入11裡，改用橡皮刮刀小心混合。

21 將20疊放在19上。

16 再將14剩餘的部分加入混合。

22 將16的慕斯，由外側開始，舀入21裡。

17 用長柄杓將16的慕斯舀到13的圓形中空模內。

23 再用16的慕斯整個蓋滿，用橡皮刮刀整平。

18 用湯匙整平，並讓圓形中空模的內側也沾上慕斯。

24 改用L形抹刀整平，放進冰箱上層，冷凍10分鐘。再次將16的慕斯倒進去，整平，然後放進冰箱上層冷凍。

25 製作鏡面黑巧克力。將巧克力切碎，放進攪拌盆內。牛奶、鮮奶油、鏡面果膠、可可粉放進鍋內，邊用攪拌器混合，邊加熱到沸騰。

26 將**25**從爐火移開，加入葡萄糖混合。

27 將1/2量的**26**加入**25**切碎的巧克力內混合。

28 等巧克力融化後，再將剩餘的部分邊一點點地加入，邊用攪拌器小心拌勻。

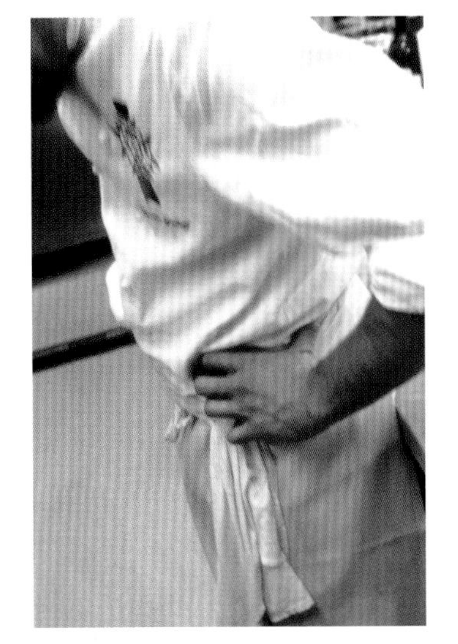

29 將**28**倒入小攪拌盆內，再用手提電動攪拌器混合。等到變得柔順後，再用圓錐形過濾器過濾，裝入大攪拌盆內。

30 先用保鮮膜直接將**29**的鏡面黑巧克力表面覆蓋住，再用保鮮膜將整個攪拌盆口封住，放進冰箱冷藏1天，或至少1~2小時。保存期限為1~2天。

31 用瓦斯噴槍加熱**24**的圓形中空模，脫模。

32 將網架放在托盤上，再將**31**放上去。將**30**的鏡面黑巧克力淋上去。

33 用L形抹刀整平後，先靜置，讓多餘的鏡面黑巧克力流到托盤裡。

34 將紙鋪在大理石台上，四個角用巧克力黏貼固定後，再舀些黑巧克力上去，用L形抹刀薄薄地抹開來。稍微凝固後，再舀些上去，同樣用L形抹刀抹開來。

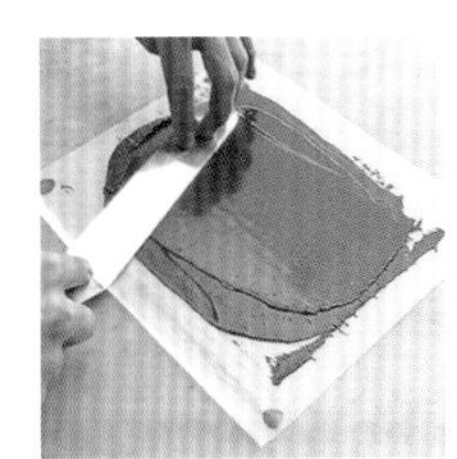

35 用鋸齒形刮板刮出直條紋來。

36 用料理用小刀（Couteau d'office）切出自己喜歡的形狀，放進冰箱冷藏。巧克力凝固後，再用來裝飾**33**。

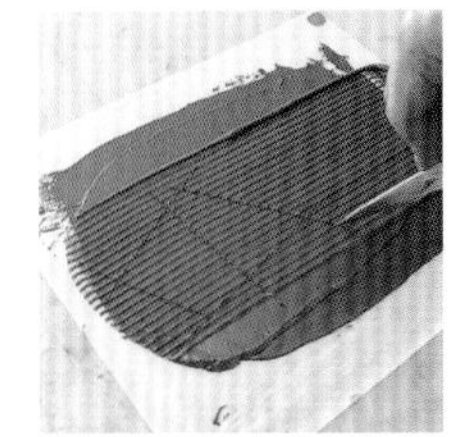

ENTREMET CHOCOLAT BLANC-FRUITS ROUGES
紅果白巧克力甜點

這是道以白巧克力作成的甜點，帶著香草甘甜的巧克力慕斯，配上酸酸的紅色水果，味道調和均衡，恰到好處！

les ingrédients
pour
8 personnes

matériel：
直徑16×3㎝、直徑15×3㎝、直徑14×3㎝ 的圓形中空模各1個，直徑12×3㎝ 的圓形中空模2個

〈分蛋法海綿蛋糕〉
蛋黃　2個
低筋麵粉　45g
帶皮杏仁粉　15g
蛋白　2個
細砂糖　50g

〈糖漬（compote）紅果〉
覆盆子果泥　50g
細砂糖　20g
草莓　50g
黑醋栗（cassis）　50g
覆盆子（framboise）　50g
吉力丁片　3g

〈白巧克力慕斯〉
白巧克力　60g
鮮奶油　50ml
香草莢　1 1/2枝
吉力丁片　6g
蛋黃　60g
細砂糖　30g
水　15ml
鮮奶油（打發）　240ml

〈糖漿〉
糖漿（糖度30度）　30ml
覆盆子酒　30ml
野草莓酒（fraise des bois）　20ml

〈鏡面白巧克力〉
鮮奶油　75ml
葡萄糖（glucose）　65g
吉力丁片　6g
鏡面果膠　500g
白巧克力　500g

〈裝飾〉
白巧克力　100g
草莓、覆盆子　各適量

1 製作糖漬（compote）紅果。將覆盆子果泥、細砂糖放進鍋內加熱到沸騰。

2 加入草莓、黑醋栗、覆盆子。因為是要製作成糖漬水果，所以混合時要小心，不要將水果弄碎了。過了2分鐘，就可以關火，再加入已用水泡漲的吉力丁片混合。

3 將**2**倒入小攪拌盆內，隔著冰塊降溫，同時用橡皮刮刀小心混合。

4 用保鮮膜將直徑12㎝圓框模的下面封起來，放在烤盤上。再將**3**倒入，放進冰箱上層冷凍。

5 製作分蛋法海綿蛋糕。先將蛋黃放進攪拌盆內攪開。將低筋麵粉、杏仁粉一起放入網篩，篩在紙上備用。

6 製作蛋白霜。將蛋白放入攪拌盆內打發，等到泡沫變細後，就將細砂糖一點點地加入，打發到可以形成立體狀為止。用橡皮刮刀將攪拌盆周圍的蛋白集中到中間。

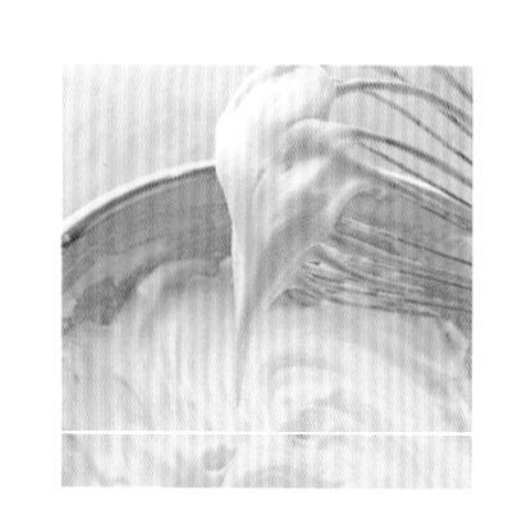

7 將**5**的蛋黃加進**6**裡，用橡皮刮刀從中央朝外，像要撈東西般地慢慢混合。然後，先加入1/2量的粉類混合，再將剩餘的部分全部加入混合。

8 在烤盤上鋪上紙，用直徑16㎝的圓形中空模沾些粉（未列入材料表），壓在紙上，作出2個圓印記號。將**7**裝入套著直徑5㎜擠花嘴的擠花袋內，以圓印為標記，擠出螺旋狀的圓形。

9 撒上大量的糖粉（未列入材料表）後，放進烤箱，以190~200℃烤約10分鐘。

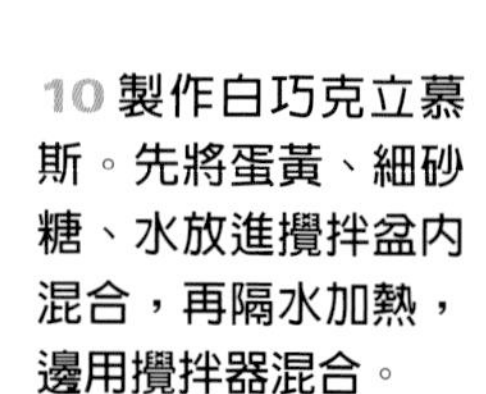

10 製作白巧克立慕斯。先將蛋黃、細砂糖、水放進攪拌盆內混合，再隔水加熱，邊用攪拌器混合。

11 等到**10**變白而濃稠時，就從爐火移開，繼續打發到舉起攪拌器時，流下的汁液可以形成蝴蝶結的形狀為止。然後，靜置室溫下備用。

12 在烤盤上鋪上厚紙，將直徑15㎝的圓形中空模放在上面。然後，用直徑14㎝的圓形中空模來切割**9**，再塗抹上混合了覆盆子酒的糖漿，放進圓形中空模的中央。另一片則用直徑12㎝的圓形中空模來切割。

commentaires:

■糖漿的作法

混合糖漿（糖度30度）、酒類、少許的水（依個人喜好決定是否加入）即可。

■什麼是糖度30度的糖漿？

糖度為30度的糖漿。混合130g的細砂糖、100ml的水，加熱到沸騰，放涼即成。可放置在冰箱保存。

■鏡面果膠〔glacage〕

用果膠含量豐富的果汁（蘋果等）、砂糖熬煮成果凍狀的東西（市售品），加上葡萄糖或水，混合而成的柔軟液狀果膠。用來塗抹在甜點的表面，或裝飾用的水果上，以達到修飾糕點，突顯光澤的效果。

13 將白巧克力切碎，放進攪拌盆內。將鮮奶油放進鍋內。用刀子將香草莢對半縱切開來，刮下香草籽。將香草莢、香草籽全放進鍋內，加熱到沸騰。

14 將**13**一點點地加入白巧克力裡混合，再用網篩過濾，巧克力甘那許（ganache）就完成了。

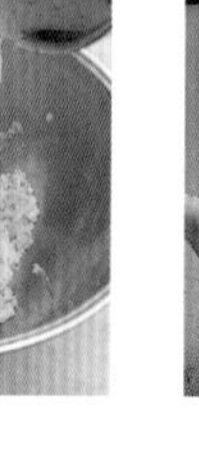

15 將用水泡漲的吉力丁擰乾，隔水加熱融化後，加入**14**的甘那許裡，用橡皮刮刀混合。

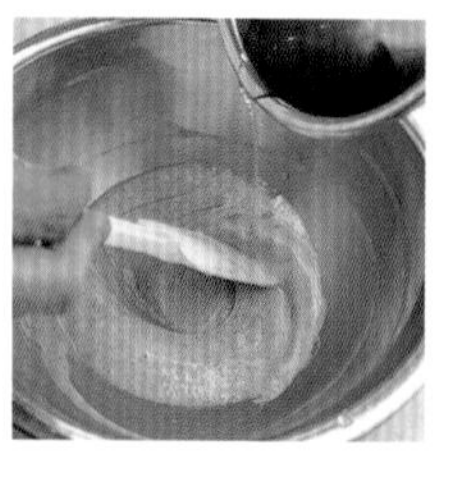

16 將鮮奶油放進攪拌盆內，打發成柔軟的狀態（將攪拌器舉起時，會滴下來的狀態）。

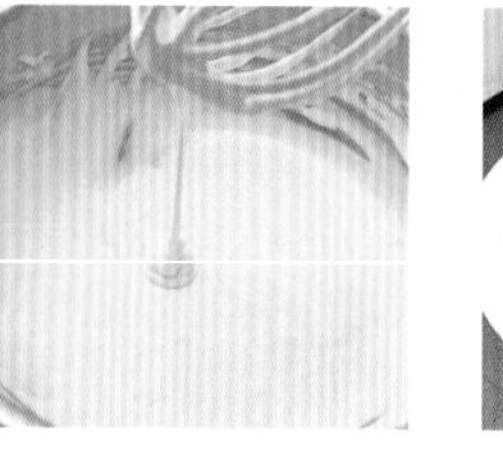

17 將1/3量**16**的鮮奶油加入**11**裡，用橡皮刮刀小心混合。然後，再將剩餘的鮮奶油全部加入混合。

18 用手指試探看看**15**的巧克力甘那許的溫度，如果沒有變冷，就隔溫水讓它降溫到和**17**的鮮奶油差不多的溫度。然後，先將1/3量的**17**加入混合，再整個倒回剩餘的**17**裡混合。

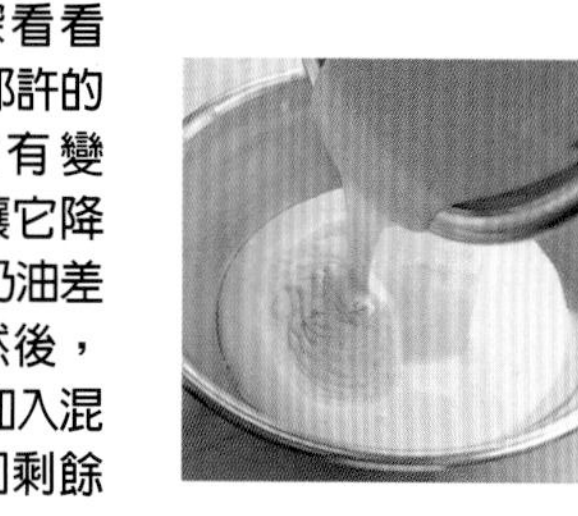

19 將**18**裝入套著直徑4~5mm擠花嘴的擠花袋內，先沿著**12**的外圍擠出一圈。用瓦斯噴槍加熱**4**的圓形中空模，脫模。然後，放在中央，再用擠花袋，沿著外圍擠出一圈。

20 用毛刷在**12**的直徑12cm海綿蛋糕的兩面塗抹上糖漿。

21 放在**19**的中央，壓一壓，讓蛋糕固定好，再用擠花袋將**18**沿著外圍擠出一圈。

22 然後，在表面的中央也擠滿。

23 用L形抹刀整平，放進冰箱的上層冷凍。10分鐘後取出，同樣擠些**18**的鮮奶油上去，再放進冰箱的上層冷凍。

24 製作鏡面白巧克力。將白巧克力切細碎，放進攪拌盆內，隔水加熱，讓它稍微變軟。

25 將鮮奶油放進鍋內加熱到沸騰後，從爐火移開，加入葡萄糖混合。然後，再加入已用水泡漲的吉力丁，用攪拌器混合。

31 將網架放在托盤上。用瓦斯噴槍加熱**23**的圓形中空模，脫模，放在網架上。將**30**的鏡面白巧克力淋上去。

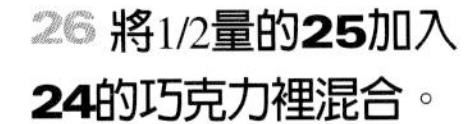

26 將1/2量的**25**加入**24**的巧克力裡混合。

32 用L形抹刀將表面迅速整平，靜置片刻，讓多餘的鏡面巧克力流到托盤裡。

27 在混合的過程中，若是結塊了，可用隔水加熱來讓結塊融化。但如果加熱過度，就會導致油水分離，要特別小心留意。尤其是白巧克力特別容易產生這樣的情況。

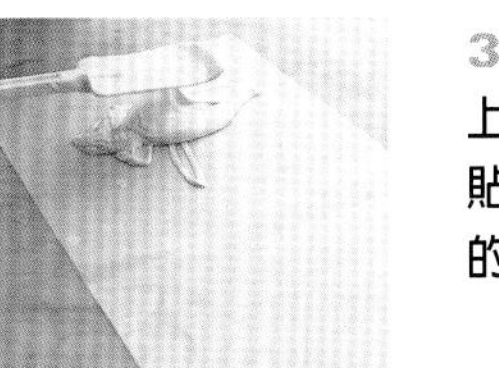

33 將紙鋪在大理石台上，四個角用巧克力黏貼固定後，將調溫過的白巧克力舀上去。

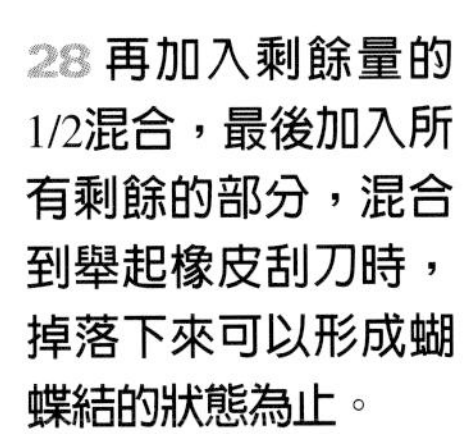

28 再加入剩餘量的1/2混合，最後加入所有剩餘的部分，混合到舉起橡皮刮刀時，掉落下來可以形成蝴蝶結的狀態為止。

34 用L形抹刀像照片中般薄薄地抹開來。

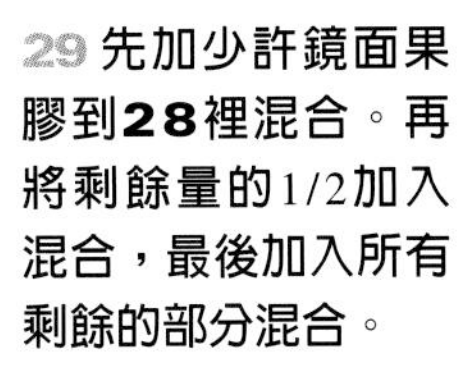

29 先加少許鏡面果膠到**28**裡混合。再將剩餘量的1/2加入混合，最後加入所有剩餘的部分混合。

35 稍微凝固後，再舀些巧克力上去，同樣用L形抹刀抹開來。

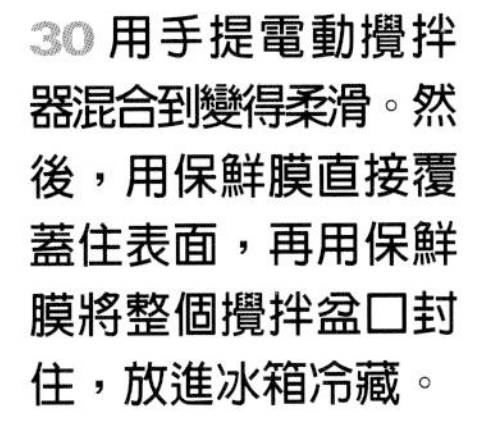

30 用手提電動攪拌器混合到變得柔滑。然後，用保鮮膜直接覆蓋住表面，再用保鮮膜將整個攪拌盆口封住，放進冰箱冷藏。

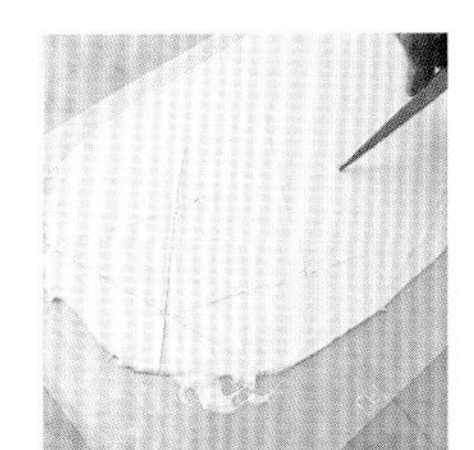

36 先用鋸齒形刮板刮出直條紋來，再用料理用小刀（Couteau d'office）切出自己喜歡的形狀，放進冰箱冷藏。巧克力凝固後，再和草莓、覆盆子一起用來裝飾**32**。

MACARONS AU CHOCOLAT
巧克力蛋白杏仁甜餅

SABLES AU CHOCOLAT
巧克力酥餅

MACARONS AU CHOCOLAT
巧克力蛋白杏仁甜餅

這道糕點，是由兩片烤得發亮的巧克力餅，夾著苦甜巧克力製成的甘那許，可說是學習法國糕點的入門捷徑。

les ingrédients
pour
8 personnes

杏仁粉　125g
糖粉　200g
可可粉　30g
蛋白　150g
細砂糖　75g

〈甘那許（ganache）〉
鮮奶油　200ml
轉化糖　20g
黑巧克力（70%）　150g

1 將杏仁粉、糖粉、可可粉放進攪拌盆內。

2 用攪拌器混合。

3 將**2**放進網篩，篩入攪拌盆內。

4 再過篩一次，放著備用。

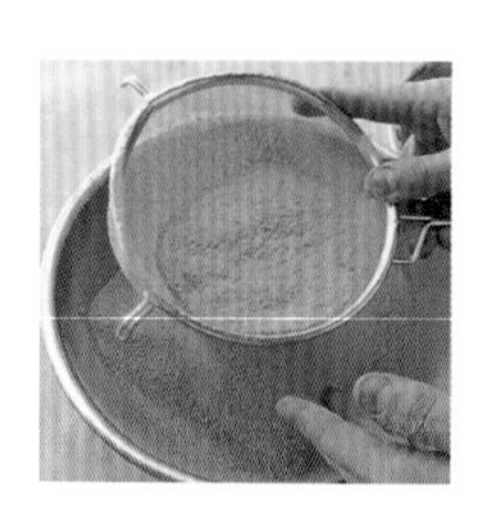

5 將蛋白放入攪拌盆內打發，等到泡沫變粗後，將細砂糖一點點地加入打發。

6 再將細砂糖一點點地加入，繼續打發。

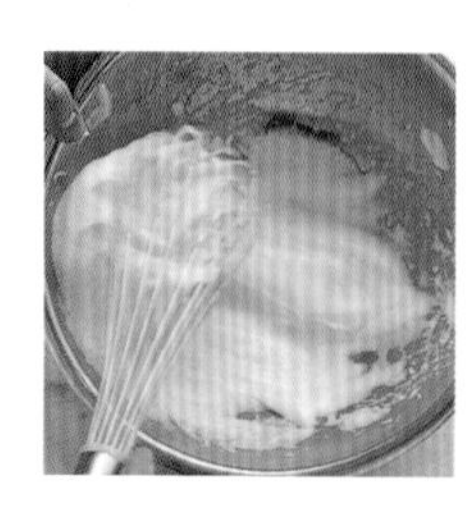

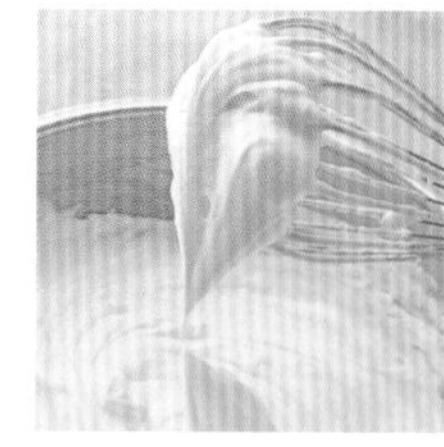

7 這樣蛋白霜就做好了。然後，將細砂糖分成4~5次加入，打發到像照片中可以形成立體狀為止。

8 將**7**周圍的蛋白霜往中央集中起來，再加入少許**4**的粉類，用橡皮刮刀慢慢混合。

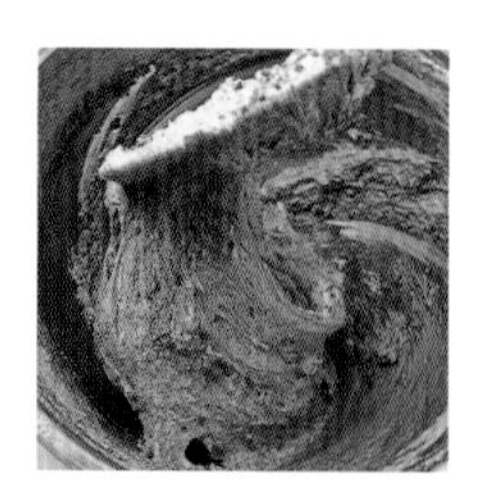

9 再將**4**剩餘的部分分成約3次加入混合。

10 改用刮板，由攪拌盆的側面往中央，像要折疊東西般地混合。

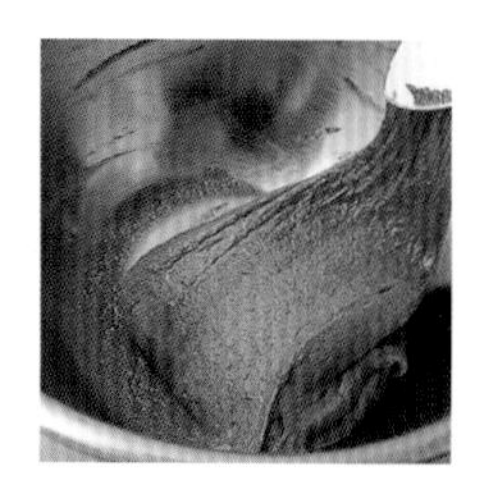

11 等質地變得有點鬆軟，表面變得有光澤時，就可停止混合了（注意不要混合過度了）。

12 將**11**裝入套著4㎜擠花嘴的擠花袋內。在烤盤上鋪上矽膠烤盤布，擠出30個約直徑2cm大小的圓形在上面。然後，靜置室溫下約20~30分鐘。

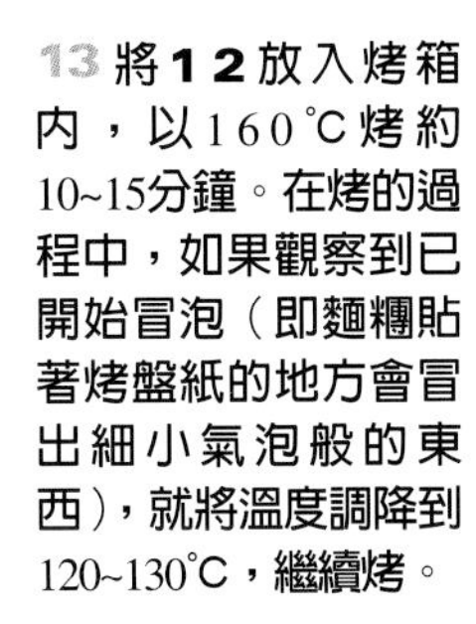

13 將**12**放入烤箱內，以160℃烤約10~15分鐘。在烤的過程中，如果觀察到已開始冒泡（即麵糰貼著烤盤紙的地方會冒出細小氣泡般的東西），就將溫度調降到120~130℃，繼續烤。

14 等烤到周圍都變硬了，就烤好了。連同烤盤整個放在網架上，讓它冷卻。

15 製作甘那許。將黑巧克力切細碎，放進攪拌盆內。

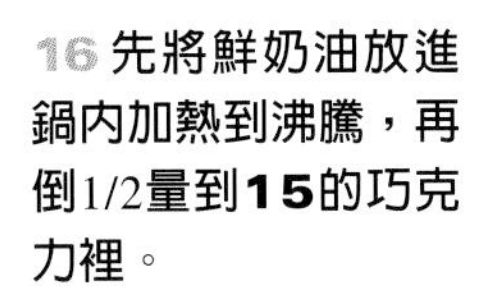

16 先將鮮奶油放進鍋內加熱到沸騰，再倒1/2量到**15**的巧克力裡。

17 用小攪拌器混合。

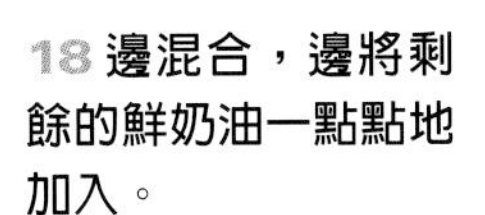

18 邊混合，邊將剩餘的鮮奶油一點點地加入。

19 整個攪拌均勻。

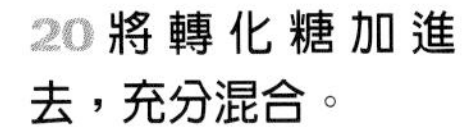

20 將轉化糖加進去，充分混合。

21 改用手提電動攪拌器，混合到變得柔滑為止。然後，直接用保鮮膜覆蓋住表面，放置室溫下約1小時。

22 將**21**的甘那許裝入套著4㎜擠花嘴的擠花袋內，擠到15個**14**的甜餅上。

23 將剩餘的甜餅疊上去，夾住甘那許，放進冰箱冷藏1天，就完成了。

SABLES AU CHOCOLAT

巧克力酥餅

這是種鬆脆的巧克力酥餅，夾著薑汁口味的柔軟焦糖，所組合而成的小巧糕點。

les ingrédients
pour
8 personnes

〈油酥麵糰〉
低筋麵粉　200g
可可粉　30g
杏仁粉　80g
糖粉　80g
奶油　120g
蛋　1個
鹽　1撮

〈薑汁（gingembre）焦糖〉
鮮奶油　50ml
可可奶油　50g
白巧克力　160g
細砂糖　70g
糖漬水果page 32　160g
薑　15g

黑巧克力page 14　250g

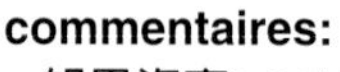

commentaires:
■ 如果沒有LOGO轉寫紙可用，就用玻璃紙代替。

1 製作油酥麵糰。將低筋麵粉、可可粉、杏仁粉、糖粉放進網篩過篩，撒到大理石台上。再加入1撮鹽。

2 將冰過的奶油沾上**1**的粉，用擀麵棍敲打成薄片。

3 用刮板將奶油切碎。

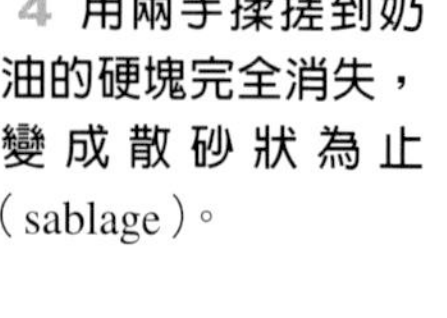

4 用兩手揉搓到奶油的硬塊完全消失，變成散砂狀為止（sablage）。

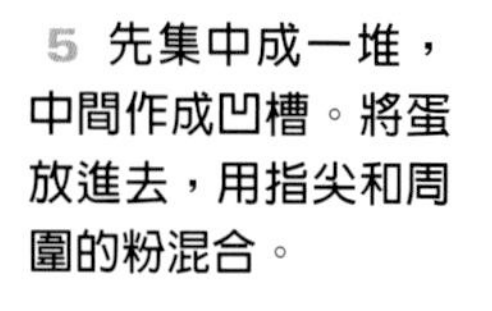

5 先集中成一堆，中間作成凹槽。將蛋放進去，用指尖和周圍的粉混合。

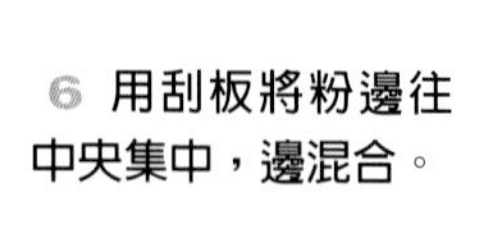

6 用刮板將粉邊往中央集中，邊混合。

7 用手掌將粉由內向外推般地摩擦混合。等到整個混合過後，再用手掌重新摩擦混合過。

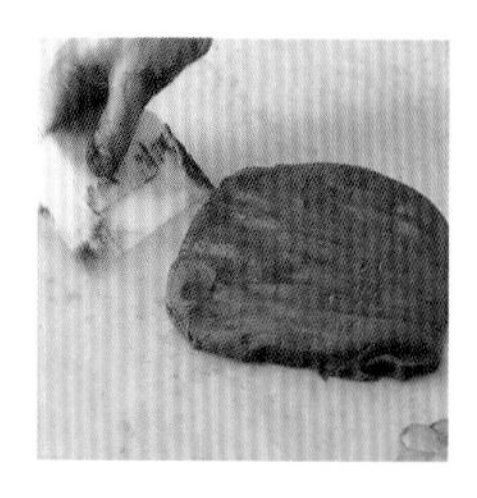

8 整理成糰，用保鮮膜包起來，放進冰箱冷藏1~2小時。亦可在前一天就做好備用。

9 用擀麵棍敲打**8**的麵糰，讓它變軟，再撒上手粉，擀開成約1cm的厚度。變換方向，轉個90度，繼續擀到麵糰變軟，有點黏性時，就放進冰箱上層冷凍。

10 將**9**的周圍切整齊，撒上手粉，再擀開來。

11 用溝紋擀麵棍壓出直條紋來作裝飾。撒些手粉在烤盤上，用擀麵棍將麵皮捲起來，放到烤盤上，再放進冰箱上層冷凍。

12 等到**11**的麵皮變硬後，切成3×4cm的方塊。然後，排列在烤盤上，再放進冰箱上層冷凍。

13 將**12**移到鐵氟龍加工的烤盤上，放進烤箱，用170~180℃烤10~15分鐘。烤好後，移到另一個烤盤上冷卻。

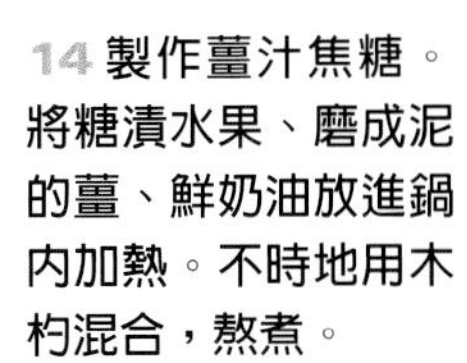

14 製作薑汁焦糖。將糖漬水果、磨成泥的薑、鮮奶油放進鍋內加熱。不時地用木杓混合，熬煮。

15 分別將可可奶油、白巧克力切成細碎，裝入不同的攪拌盆內。

16 將細砂糖放進鍋內加熱，邊用木杓混合，製作焦糖。等到開始冒泡了，就從爐火移開。將**15**的可可奶油加入混合，再加入少許**14**的糖漬水果混合，最後，加入所有剩餘的部分混合。

17 加少許**16**到**15**的巧克力裡混合。

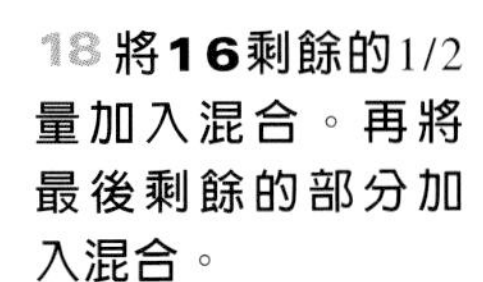

18 將**16**剩餘的1/2量加入混合。再將最後剩餘的部分加入混合。

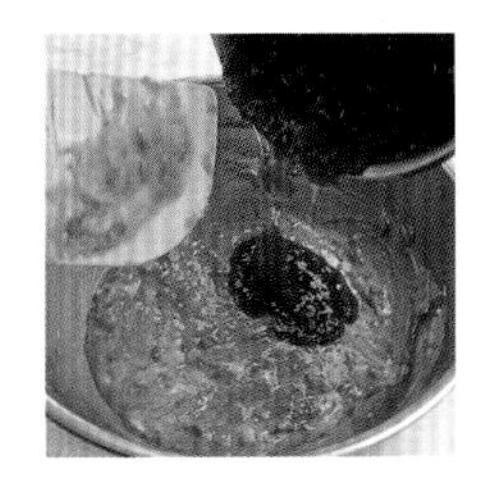

19 因為糖漬水果裡會有結塊，要放進電動攪拌機裡攪拌過。然後，用保鮮膜直接覆蓋住表面，再用保鮮膜將整個攪拌盆口封住，放進冰箱冷藏1天。薑的香味會更凸顯出來喔！

20 將**19**裝入套著8mm擠花嘴的擠花袋內，擠到半量的**13**上。

21 將**13**剩餘的酥餅塊放在擠有薑汁焦糖的酥餅塊上，夾住。

22 將LOGO轉寫紙放在紙上，再將調溫過的黑巧克力倒在上面。

23 用L形抹刀薄薄地抹開來，放進冰箱，冷藏到變成像黏土般的硬度（如果巧克力完全變硬，切割時就容易碎裂開來）。

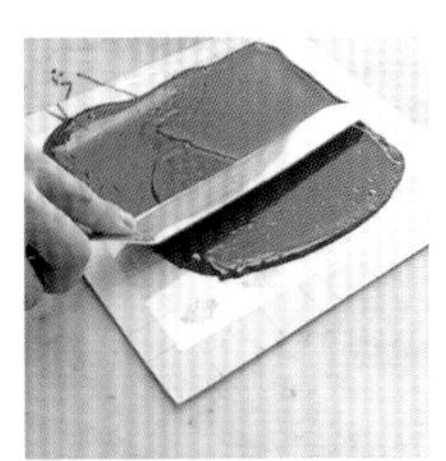

24 配合轉寫紙的大小切開來，再將烤盤放在上面壓。轉寫好後，放到**21**的上面，就大功告成了。

FLORENTIN AU CHOCOLAT

佛羅倫汀巧克力餅

這種餅乾，不僅使用了大量的乾燥水果，還在烤得香脆的薄餅單面鑲上了薄薄的一層巧克力喔！

les ingrédients
pour
8 personnes

matériel：
矽膠軟烤模（15個用） 1個
巧克力的模型（佛羅倫汀模） 1個

鮮奶油 100ml
細砂糖 85g
葡萄糖（glucose） 15g
蜂蜜 15g
杏仁片 100g
糖漬乾燥水果 50g
糖漬橙皮 50g
糖漬櫻桃 35g
低筋麵粉 25g

黑巧克力page 14 300g

1 將杏仁片、糖漬乾燥水果、糖漬橙皮、糖漬櫻桃（切成3~4圓片）放進攪拌盆內，撒上低筋麵粉。

2 用手小心混合。混合到所有的乾燥水果類都分散開來，不會黏在一起為止。

3 將鮮奶油、細砂糖、葡萄糖，蜂蜜放進鍋內，用攪拌器邊混合，邊加熱到沸騰。

4 將**2**的乾燥水果類加入**3**裡，用橡皮刮刀小心混合（放進冰箱可保存2天）。

5 將**4**裝入矽膠軟烤模裡，用湯匙整平（薄薄一層即可，太厚則不容易吃），放進烤箱，以170°C烤到沸騰，就取出，放置約30分鐘冷卻，再放進烤箱，以160°C烘烤到沸騰。

6 冷卻後，脫模，放在網架上。

7 用紙將巧克力的模型擦乾淨，用毛刷將調溫過的黑巧克力，像敲打般（為了填滿凹紋），迅速地塗抹在模型內。

8 將巧克力倒滿**7**的所有的凹槽。

9 用L形抹刀抹平。

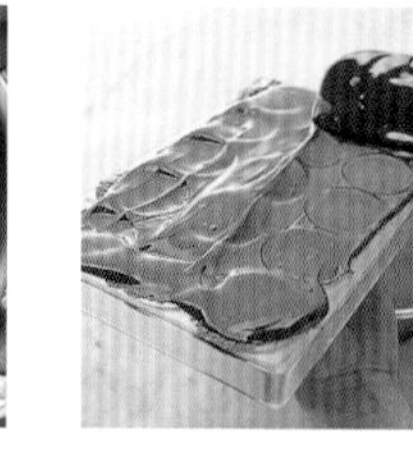

10 輕敲幾下，讓空氣跑出來，消除空隙。

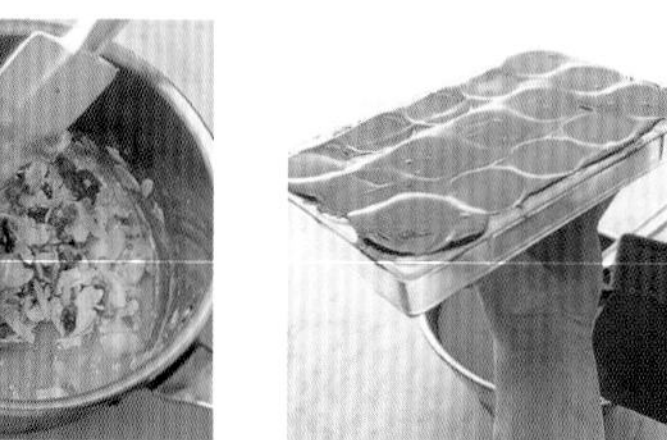

11 用大抹刀將多餘的巧克力刮除。暫放室溫下。

12 在**11**還沒變硬前，將**6**放上去，放置室溫下，到巧克力結晶為止。即使是放一晚也沒關係喔！

CROQUANT NOISETTE SARRASIN AU GIANDUJA

榛果巧克力蕎麥脆餅

這種蕎麥脆餅，夾著柔軟的榛果巧克力餡，薄餅咬起來香脆，口中會瀰漫著蕎麥粉的香味。

les ingrédients pour 8 personnes

- 榛果 40g
- 蕎麥籽（包） 8g
- 奶油（製作焦奶油） 60g
- 糖粉 75g
- 蕎麥粉 25g
- 榛果粉 25g
- 蛋白 10g
- 榛果巧克力 200g

1 將蕎麥籽包放進熱水中，蓋上蓋子，浸泡約5分鐘後取出。

2 將奶油放進鍋內加熱，製作焦奶油。

3 用錐形過濾器過濾。

4 將蛋白放進攪拌盆內，稍微攪開。將糖粉、蕎麥粉、榛果粉放進網篩，篩入攪拌盆內。

5 用攪拌器混合。

6 將**3**隔著冰塊邊降溫，邊用橡皮刮刀混合。

7 將**1**的蕎麥籽從袋中取出，放進**5**裡，再將**6**的焦奶油倒進去。

8 用橡皮刮刀混合。

9 將**8**裝入套著8mm擠花嘴的擠花袋內，在2塊鐵氟龍加工的烤盤上，各擠出直徑約3~4cm的圓形8個。

10 將敲碎的榛果散放在其中1塊的8個圓餅上（完成時，這面是朝上的）。將2塊烤盤放進烤箱，用160°C烤15~20分鐘。

11 在烤盤上鋪上硫酸紙，將**10**的烤盤上，沒有擺上榛果的那8塊烤好的圓餅放過去，將榛果巧克力裝入套上星形擠花嘴的擠花袋內，擠在這8片圓餅上。

12 將上面有榛果的8片圓餅放在**11**的8片上，夾住榛果巧克力餡。

MIGNARDISES CHOCOLAT ORANGES

香橙巧克力鬆糕

這種鬆糕，麵糊裡混合了羅瑪斯棒，烤好後溼潤又鬆軟，還會散發出蜂蜜和白蘭地橘子酒的芳香。

les ingrédients
pour
8 personnes

matériel:
直徑5.2× 高3.2㎝ 的矽膠烤杯
（Cassette silicone）8個

羅瑪斯棒　200g
（杏仁含量較高的marzipan）
蛋　100g
蜂蜜　10g
奶油（製作焦奶油）　60g
白蘭地橘子酒　10g
（Grand Marnier）
可可塊　30g

〈糖漬香橙（compote）〉 page 32
香橙　2個
紅糖　90g
細砂糖　70g
蜂蜜　35g
水　適量

糖粉　適量

commentaires:
■糖漬香橙的作法，和page 32的步驟**17~19**相同。

1 將奶油放進鍋內加熱，製作焦奶油，再用錐形過濾器過濾。然後隔著冰塊邊散熱，邊用橡皮刮刀混合。將可可塊切細碎，放進攪拌盆內，再將焦奶油加入。

2 用攪拌器混合。

3 將羅瑪斯棒放進電動攪拌器，加入蜂蜜攪拌混合。

4 讓電動攪拌機邊攪拌，邊一點點地加入攪開的蛋汁。

5 混合到變得柔滑為止。

6 與**4**相同，讓電動攪拌機邊攪拌，邊將**2**一點點地加入。

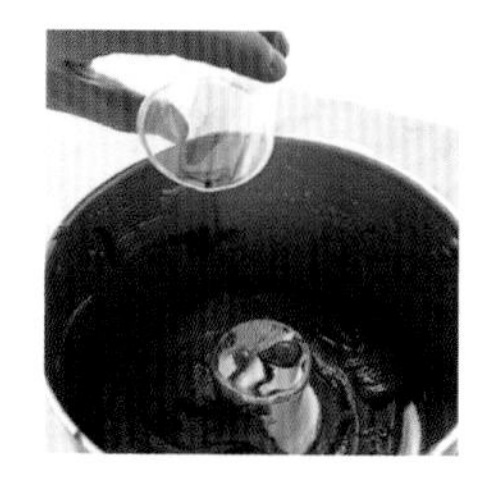

7 混合好後，再加入白蘭地橘子酒。

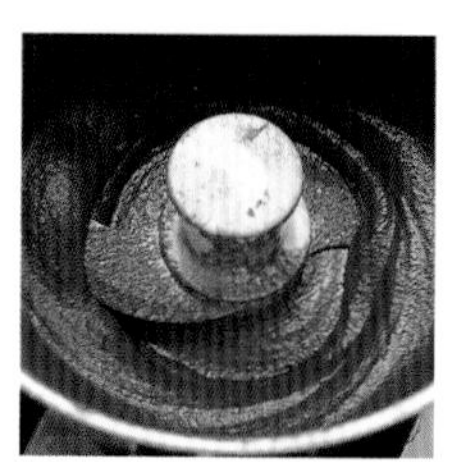

8 混合到變成柔細的泥狀，就可以了。

9 將**8**裝入套著12㎜擠花嘴的擠花袋內，擠入矽膠烤杯中，約1/6滿的量。

10 將糖漬香橙裝入套著8㎜擠花嘴的擠花袋內，擠到**9**的中央。要預留一些作裝飾用。

11 再將**9**擠到**10**上面，約2/3滿的量（放進烤箱烤後會膨脹，切記不要裝滿）。然後，在中央再擺些糖漬香橙作裝飾。

12 放進烤箱，先用180℃烤約10分鐘後，再將溫度調降到160℃，烤約15分鐘。散熱後，撒上糖粉。也可在烘烤前，就撒上糖粉。這樣烤好後，吃起來就會有沾上了焦糖般的風味喔！

PALET CORDON BLEU
藍帶巧克力

THE CITRON
紅茶檸檬巧克力

甘那許風味

PALET CORDON BLEU

藍帶巧克力

les ingrédients
pour
8 personnes

鮮奶油　200ml
苦甜巧克力　300g
奶油　25g
轉化糖　25g
香草莢　1枝

黑巧克力page 14　1kg

commentaires:
■如果沒有LOGO轉寫紙可用，就用玻璃紙代替。

1 將鮮奶油放進鍋內，香草莢對半縱切，刮取出籽，再將香草莢、籽一起放進鍋內加熱。沸騰後，關火，蓋上鍋蓋，靜置5~10分鐘。

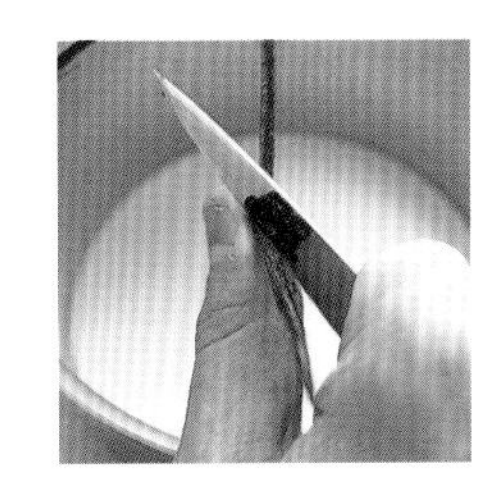

7 將**6**加到**5**的甘那許裡，用橡皮刮刀混合，再加入轉化糖，小心混合。

2 將苦甜巧克力切細碎，放進攪拌盆內。

8 將矽膠烤盤布（sil-pat）鋪在烤盤上，放置2支邊長12㎜的切割尺在兩側，將**7**倒入，用L形抹刀抹開來。放進冰箱冷藏片刻後，拿掉切割尺，放置室溫（17℃）下1天。

3 加少許**1**的鮮奶油到巧克力裡混合。

9 將**8**的周圍切整齊後，在朝上那面塗抹上用隔水加熱融化過的黑巧克力。

4 再將剩餘的鮮奶油一點點地加入混合。香草豆莢要取出，但沾在上面的鮮奶油要刮下來。

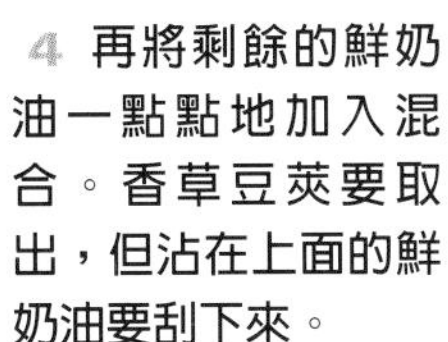

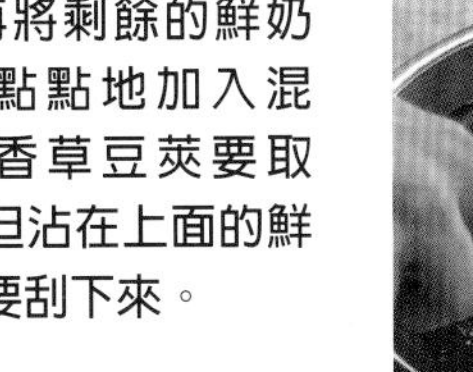

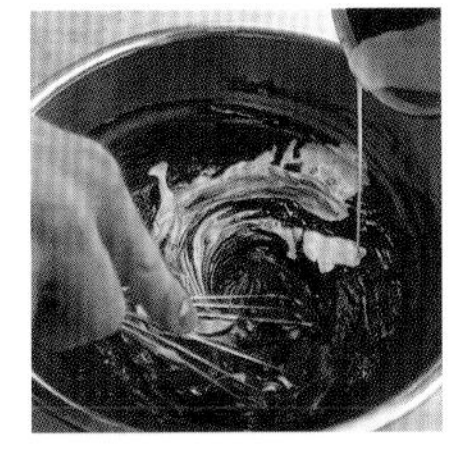

10 然後，用L形抹刀抹開成薄薄的一層。

5 將**4**隔水加熱，讓小結塊融化，變成柔滑的狀態。此時的溫度大約是36~40˚C。就是柔軟的甘那許。

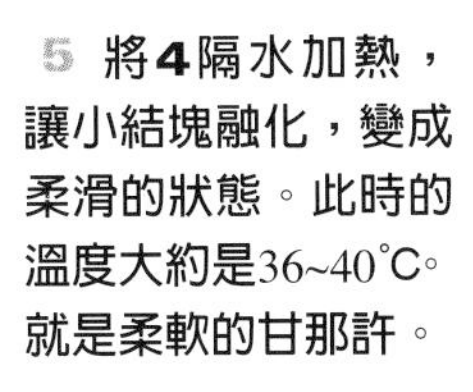

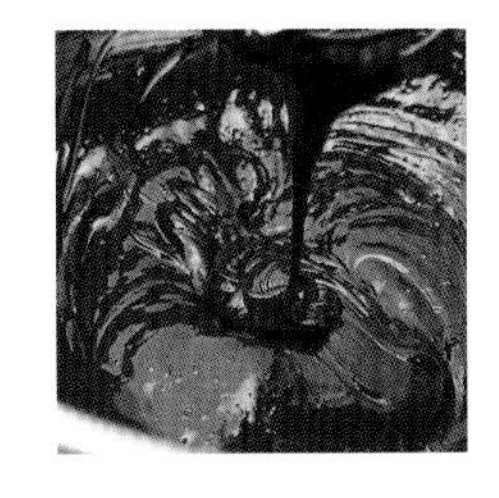

11 放進冰箱冷藏片刻後，先略作記號，再切成3×2㎝的方塊。

6 將放置室溫下軟化的奶油放進攪拌盆內，用橡皮刮刀混合，再加少許**5**的甘那許進去，用攪拌器混合到奶油的結塊消失的程度為止。

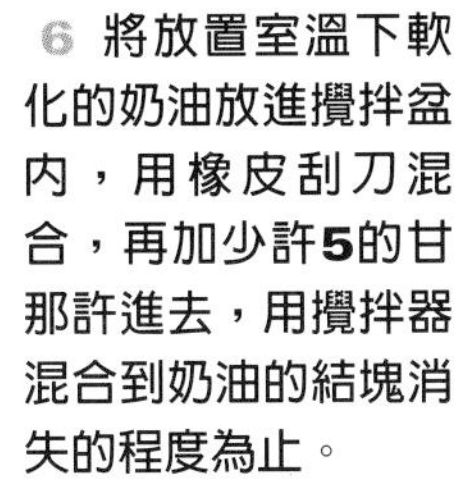

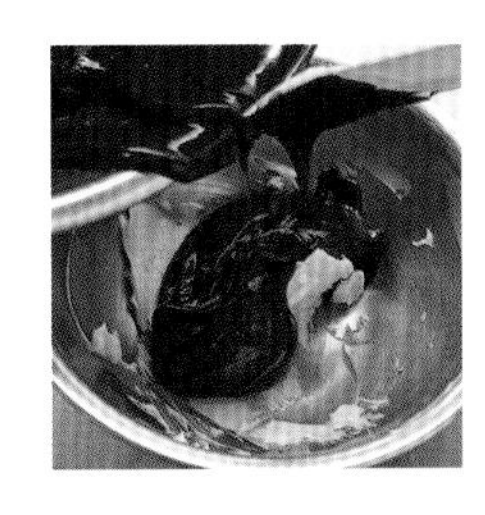

12 切割時，最好先用瓦斯噴槍來加熱一下刀子。想切成自己喜愛的大小也沒關係喔！

13 用巧克力叉（Fourchette a chocolat）將**12**壓進調溫過的黑巧克力裡，讓表面沾上巧克力（千萬不要沾得太厚了）。

15 利用攪拌盆的邊緣刮掉還在滴下的巧克力，放在紙上。

14 等到整個周圍都沾上巧克力後，再慢慢地撈起來。

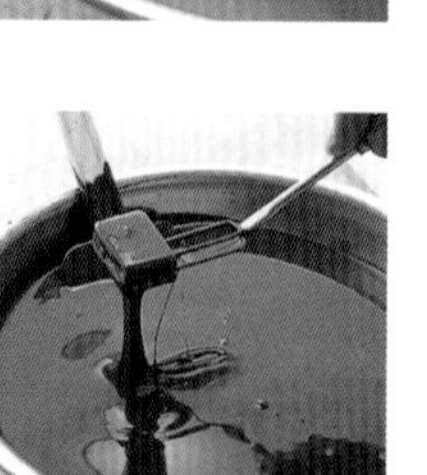

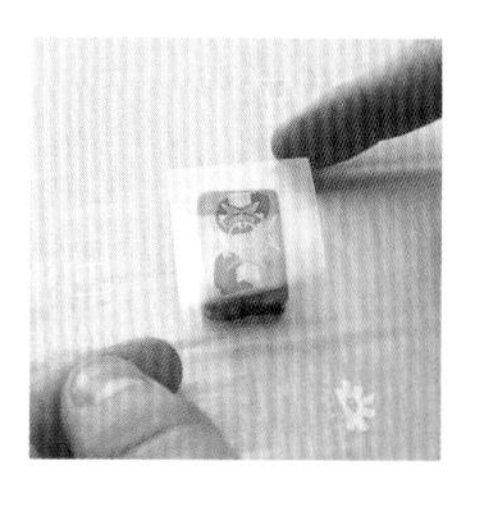

16 趁**15**還沒乾掉之前，將LOGO轉寫紙貼上去，用瓶蓋在上面輕壓，再將轉寫紙撕除。

甘那許風味

THE CITRON
紅茶檸檬巧克力

這種表面呈條紋花樣的巧克力，裡面包著的是紅茶和檸檬口味的2層甘那許。

les ingrédients
pour
8 personnes

〈紅茶甘那許〉
紅茶（伯爵茶） 30g
水 50ml
鮮奶油 130ml
苦甜巧克力 220g
奶油 30g
轉化糖 20g

〈檸檬甘那許〉
白巧克力 240g
鮮奶油 70ml
濃縮檸檬汁（4個檸檬的檸檬汁、檸檬皮磨泥熬煮成50ml的汁液） 50ml
葡萄糖（glucose） 50g

黑巧克力page 14 1kg

1 將紅茶（伯爵茶）、水放進鍋內加熱，沸騰後，加入鮮奶油。從爐火移開，蓋上鍋蓋，靜置15分鐘。過濾後，量好130ml的量，倒回鍋內。

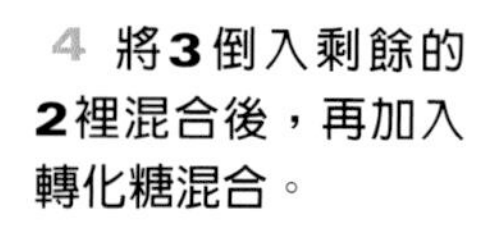

4 將**3**倒入剩餘的**2**裡混合後，再加入轉化糖混合。

2 將苦甜巧克力切碎，放進攪拌盆內，將**1**加熱到沸騰後，加少許進去，用橡皮刮刀混合。然後，加入剩餘的1/2量，改用攪拌器混合。最後，再將剩餘的部分全加進去混合。

5 將矽膠烤盤布鋪在烤盤上，放置2支邊長6㎜的切割尺（page 102）在兩側，將**4**倒入，用L形抹刀抹開來，再放進冰箱冷藏。

3 將奶油放進小攪拌盆內，用橡皮刮刀攪拌成霜狀。加少許**2**進去，用攪拌器混合。

6 將檸檬濃縮汁放進鍋內，加熱到沸騰。

commentaires:

■步驟**1**的量若不足130ml，就用鮮奶油來補足。

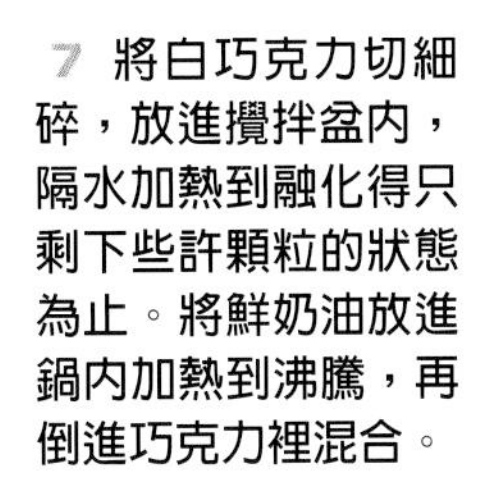

7 將白巧克力切細碎，放進攪拌盆內，隔水加熱到融化得只剩下些許顆粒的狀態為止。將鮮奶油放進鍋內加熱到沸騰，再倒進巧克力裡混合。

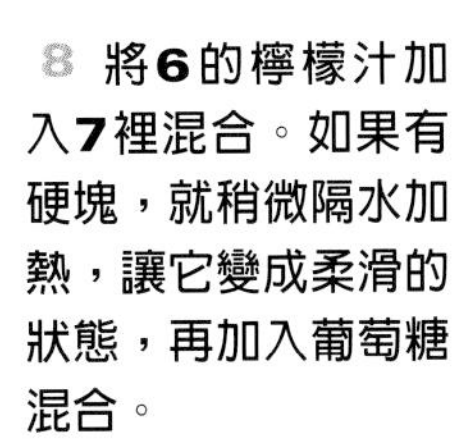

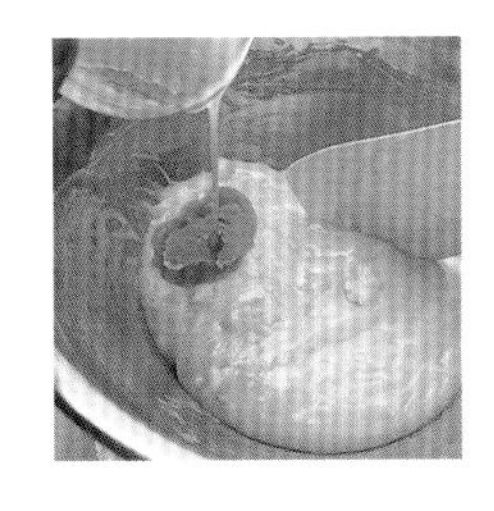

8 將**6**的檸檬汁加入**7**裡混合。如果有硬塊，就稍微隔水加熱，讓它變成柔滑的狀態，再加入葡萄糖混合。

9 將**5**從冰箱取出，用刀子沿著切割尺劃，卸除切割尺，改用邊長12㎜的切割尺，置於兩側。

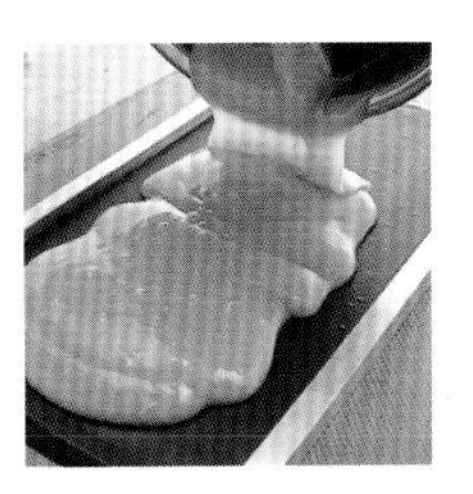

10 將**8**倒進去。再用L形抹刀抹開，整平後，放進冰箱冷藏片刻。

11 卸除切割尺，放置室溫（17℃）下1天。將四邊切整齊，再將隔水加熱融化的黑巧克力放到朝上的那面上，用L形抹刀抹勻。

12 將**11**放進冰箱冷藏片刻後，翻過面，放在矽膠烤盤布上，和**11**的步驟相同，將調溫過的巧克力放上去，再用L形抹刀抹勻。

13 將**12**放進冰箱冷藏片刻後，略作記號，切成2.5×2.5㎝的方塊。切割時，最好先用瓦斯噴槍來加熱一下刀子。想切成自己喜愛的大小也沒關係喔！

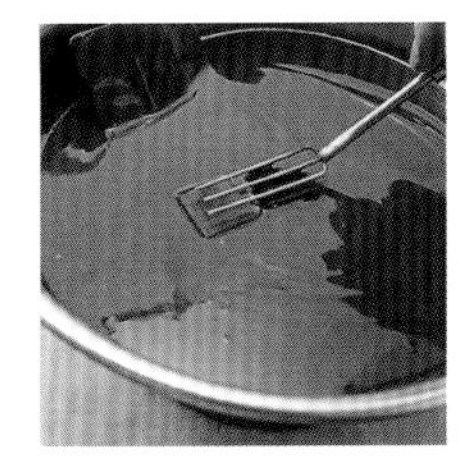

14 用巧克力叉（Fourchette a chocolat）將**13**壓進調溫過的巧克力裡，讓表面沾上巧克力（千萬不要沾得太厚了）。

15 迅速從上面刷過去。

16 等到整個周圍都沾上巧克力後，再慢慢地撈起來。

17 利用攪拌盆的邊緣刮掉還在滴下的巧克力，放在紙上。

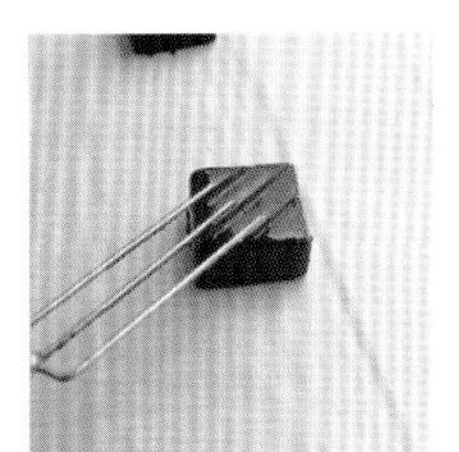

18 將叉子放在上面，往上舉起後伸開，在表面作出條紋。

帕林內風味

TROIS FRERES NOISETTES

榛果三兄弟

這種巧克力糖，因為是用巧克力來包裹住焦糖榛果，因而被取名為「榛果三兄弟」。

les ingrédients
pour
8 personnes

〈榛果帕林內〉page 70
（杏仁帕林內）
細砂糖　200g
水　60ml
乾燥香草莢　3枝
榛果　300g

〈焦糖榛果〉
榛果　250g
細砂糖　100g
水　40ml
奶油　10g

〈巧克力糖的帕林內〉
榛果帕林內　230g
牛奶巧克力　25g
可可奶油　25g

牛奶巧克力page 14　1kg

1 製作焦糖榛果。將細砂糖、水放進鍋內，加熱到沸騰。再將榛果放進去，用木杓混合。

2 從爐火移開，繼續用木杓混合，到榛果像沾滿了白色的粉末為止。

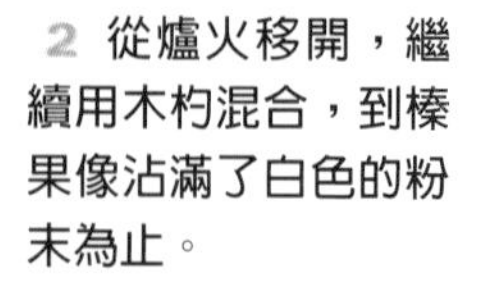

3 再次加熱，讓結晶的砂糖融化。然後，邊熬煮成焦糖，邊烘烤榛果，再加入奶油混合。

4 等熬煮到散發出焦糖的香甜味，而榛果也開始發出劈哩啪啦的聲響時，就OK了。

5 將**4**攤放在矽膠烤盤布上散熱。

6 撤掉矽膠烤盤布，改攤放在大理石台上，再用手將榛果一個個地捌開來，讓它冷卻。

7 製作巧克力糖的帕林內。將牛奶巧克力、可可奶油放進攪拌盆內，隔水加熱融化。

8 將**7**倒入榛果帕林內裡。

9 用橡皮刮刀混合。

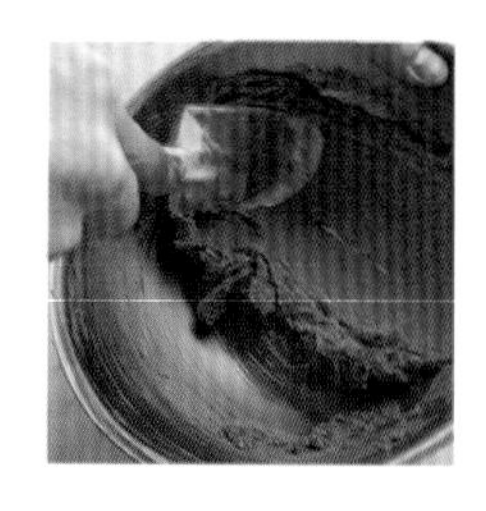

10 讓**9**靜置約15分鐘，等它稍微變硬。如果還是很柔軟，或時間不夠時，可以隔著冰塊一下子，讓它早點變硬。

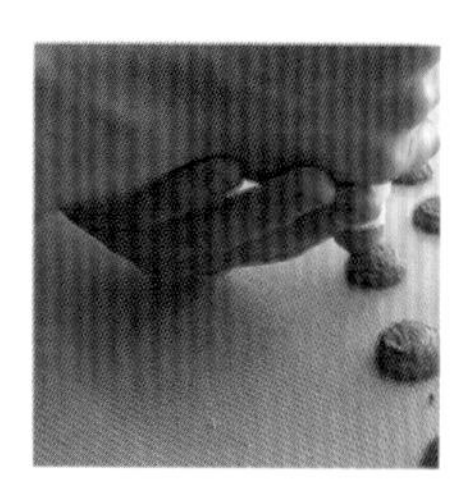

11 將**10**裝入套著4㎜擠花嘴的擠花袋內，擠出約直徑2㎝的圓形在矽膠烤盤布上。

12 將**6**的榛果各擺3個在每個圓形上。

TROIS FRERES NOISETTES
榛果三兄弟

CROUSTILLANTS AMANDES
香杏巧克力

13 將12放進調溫過的牛奶巧克力裡。

15 等到整個周圍都沾上巧克力後，慢慢地撈起來，利用攪拌盆的邊緣刮掉還在滴下的巧克力，再放到紙上。

14 用巧克力叉（Fourchette a chocolat）讓表面沾上巧克力（千萬不要沾得太厚了）。

16 圓錐形紙袋（Papier cornet）沾上13的巧克力，在表面滴上線條，作裝飾。

帕林内風味

CROUSTILLANTS AMANDES

香杏巧克力

這種巧克力，可以讓您同時享受到杏仁的酥脆口感，及沾滿了焦糖時的香甜美味。杏仁配上巧克力，真可以說是絕配！

les ingrédients
pour
8 personnes

18×18cm的方形中空模 1個

〈杏仁帕林内〉
細砂糖 200g
水 60ml
乾燥香草莢 3枝
杏仁（去皮） 300g

〈鬆脆巧克力糖〉
杏仁帕林内 250g
可可奶油 30g
牛奶巧克力 30g
焦糖杏仁碎粒 100g

〈焦糖杏仁碎粒〉page 68
（焦糖榛果）

1 製作杏仁帕林内。將細砂糖、水放進鍋內，加熱到沸騰。再將去皮杏仁、乾燥香草莢放進去，用木杓混合。

4 等熬煮到散發出焦糖的香甜味，而杏仁也開始發出劈哩啪啦的聲響時，就OK了。

2 從爐火移開，繼續用木杓混合，到杏仁像沾滿了白色的粉末為止。

5 將4（連同香草莢）攤放在矽膠烤盤布上散熱。

3 再次加熱，讓結晶的砂糖融化。然後，邊熬煮成焦糖，邊烘烤杏仁。

6 將5（預留一點下來作裝飾）放進電動攪拌機裡（香草莢也要放進去），攪拌成泥狀。然後，移到攪拌盆內。

杏仁碎粒　100g
糖漿（糖度30度）　40ml
奶油　10g

牛奶巧克力page 14　1kg

7 製作鬆脆巧克力糖。將可可奶油、牛奶巧克力放進攪拌盆內，隔水加熱融化後，再加到**6**裡混合。

13 略作記號後，切成2×3㎝的方塊。切割時，最好先用瓦斯噴槍來加熱一下刀子。

8 將焦糖杏仁碎粒切得更碎後，加到**7**裡混合。

14 將**13**放進調溫過的牛奶巧克力裡，用巧克力叉從上面覆蓋上巧克力2~3回。

9 將方形中空模放在矽膠烤盤布上，再將**8**倒入。

15 輕壓進巧克力裡，讓整個表面沾上巧克力（千萬不要沾得太厚了）。

10 用橡皮刮刀整平，放進冰箱冷藏片刻，再放置室溫下。

16 慢慢地撈起來。

11 用瓦斯噴槍加熱**10**的方形中空模。脫模後，放在矽膠烤盤布上。將牛奶巧克力隔水加熱融化後，塗抹在朝上的那面上。

17 利用攪拌盆的邊緣刮掉還在滴下的巧克力，再放到紙上。

12 用L形抹刀抹開來，放進冰箱冷藏片刻。

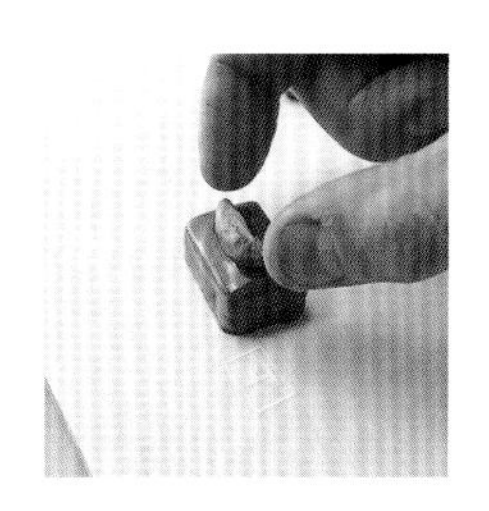

18 將**6**剩下的杏仁帕林內對半縱切，擺到**17**的上面。

焦糖風味

CARAMEL-POMMES

焦糖蘋果巧克力

les ingrédients
pour
8 personnes

matériel:
鑽石形巧克力模（Moule a chocolat）1個

白巧克力	100g
細砂糖	50g
鮮奶油	100ml
可可奶油	20g
蘋果白蘭地（calvados）	20ml

牛奶巧克力page 14	200g
黑巧克力page 14	1kg

1 將白巧克力、可可奶油切細碎，放進攪拌盆內。然後，製作焦糖。將細砂糖放進鍋內加熱。

2 加入少許已煮沸的鮮奶油進去，用木杓混合。

3 再將剩餘的鮮奶油邊一點點地加進去，邊用木杓混合。等焦糖融化後，再次加熱到沸騰，然後，用錐形過濾器過濾。

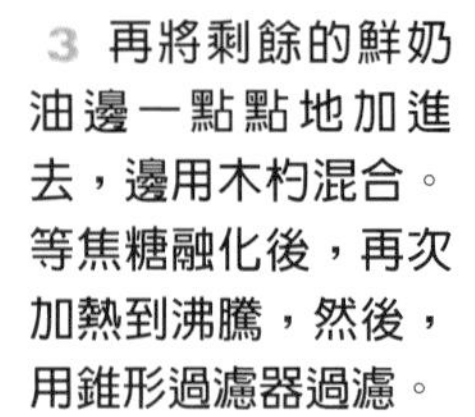

4 加少許**3**到**1**的巧克力裡，用橡皮刮刀混合。

5 加入**3**剩餘的1/2量混合。再加入剩餘的1/2量混合後，最後，將剩餘的部分全加入混合。

6 等混合到變成柔滑而有黏性的狀態，散熱後，就加入蘋果白蘭地混合。

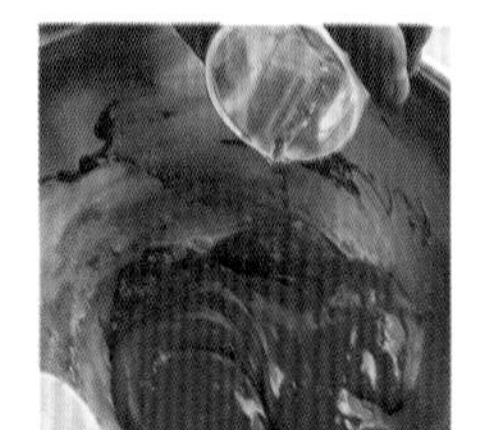

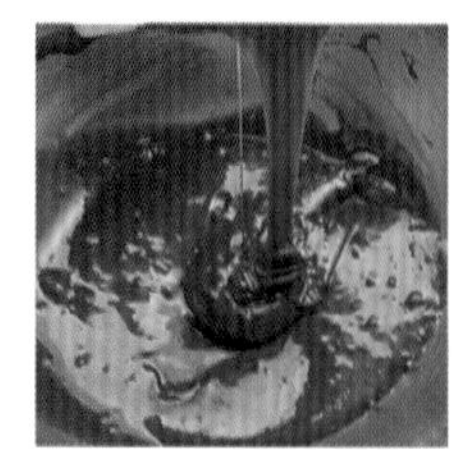

7 等到**6**變成可以流動般的柔軟狀態後，先用保鮮膜直接覆蓋住表面，再用保鮮膜封住整個攪拌盆口，放置室溫下。

8 用紙將鑽石形巧克力模擦乾淨。將調溫過的牛奶巧克力裝入圓錐形紙袋內，擠到模型裡，用毛刷塗抹內側。

9 將調溫過的黑巧克力倒滿**8**的所有凹槽。

10 多敲幾下，讓空氣跑出來，消除空隙。然後，再用抹刀將多餘的巧克力刮掉。

11 將模型翻過來，讓多餘的巧克力掉落下來。

12 就這樣讓它倒扣在紙上一下子。然後，再將模型拿起來，用抹刀將多餘的巧克力刮掉。放進冰箱冷藏片刻，讓它凝固，再放置室溫下1天。

CARAMEL-POMMES
焦糖蘋果巧克力

CARAMEL CHOCOLAT
焦糖巧克力

13 將7的甘那許裝入套著4㎜擠花嘴的擠花袋內，擠在12上面。上面要預留約1㎜的空間。然後，放進冰箱冷藏約30分鐘。

15 再次將7的巧克力倒上去。

14 等到13的甘那許表面形成了一層薄膜後，再將調溫過的巧克力倒進去，填滿那預留約1㎜的空間。然後，用抹刀將多餘的巧克力刮掉。

16 用抹刀將多餘的巧克力刮掉，放置室溫下1天，就完成了。

焦糖風味

CARAMEL CHOCOLAT

焦糖巧克力

這種四方形的巧克力，裡面包裹著的，是混合了2種巧克力的甘那許。

les ingrédients
pour
8 personnes

matériel:
18×18㎝ 的方形中空模　1個

牛奶巧克力　100g
黑巧克力　50g
細砂糖　75g
鮮奶油　100ml
奶油　75g

黑巧克力page 14　1kg

1 將牛奶巧克力、黑巧克力切細碎，放進攪拌盆內。

4 用圓錐形過濾器過濾。

2 將細砂糖放進鍋內加熱。等到變成黃褐色後，再一點點地將煮沸過的鮮奶油邊倒入，邊混合。

5 將4的1/2量倒入1的巧克力裡，用橡皮刮刀混合。

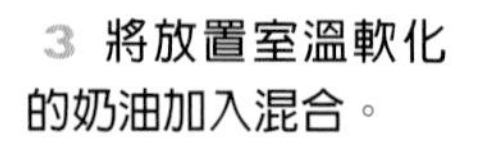

3 將放置室溫軟化的奶油加入混合。

6 然後，改用攪拌器，邊一點點地倒入，邊混合。

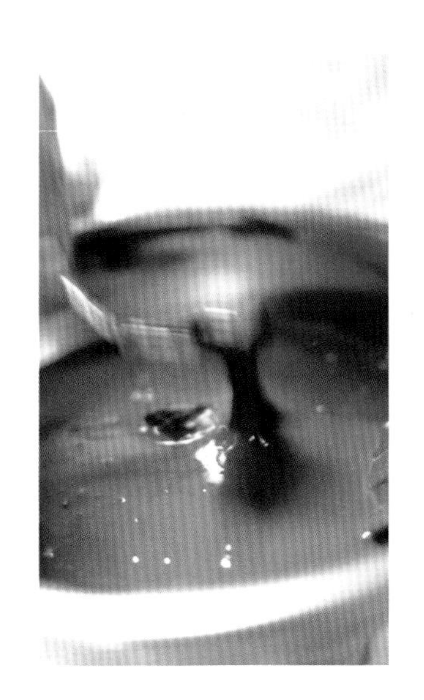

7 將整個混合到柔滑的狀態。

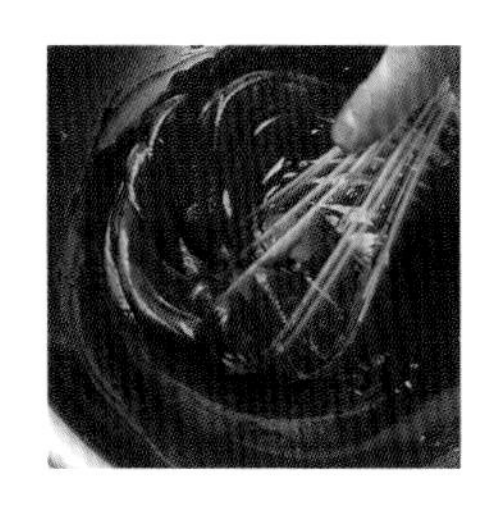

8 將18×18cm 的方形中空模放在矽膠烤盤布上，再將**7**倒入。然後，放進冰箱冷藏片刻。

9 等到**8**凝固後，就用刀子伸進模型內側，脫模。再將用隔水加熱融化的黑巧克力，塗抹在朝上的那面。

10 用L形抹刀抹開成薄薄的一層。然後，放進冰箱冷藏片刻。

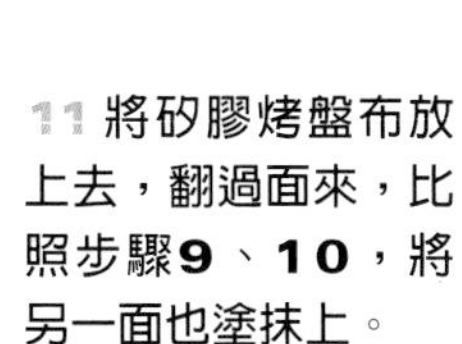

11 將矽膠烤盤布放上去，翻過面來，比照步驟**9**、**10**，將另一面也塗抹上。

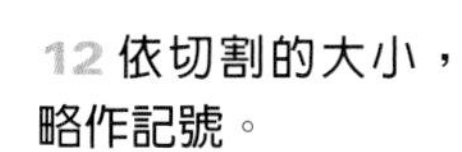

12 依切割的大小，略作記號。

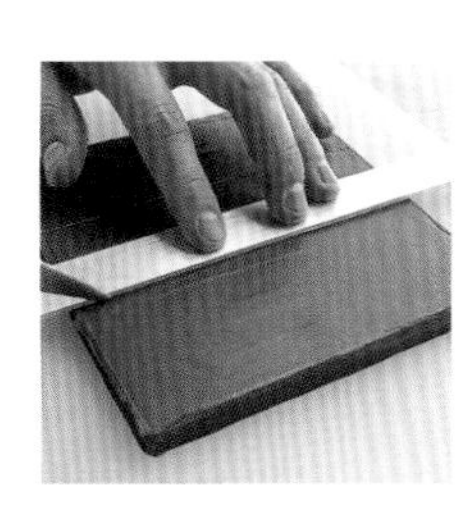

13 切成2.5×2.5cm的方塊。想切成自己喜愛的大小也沒關係喔！但是，在切割前，最好先用瓦斯噴槍來加熱一下刀子。

14 將**13**放進調溫過的黑巧克力裡，用巧克力叉從上面覆蓋上巧克力2~3回。

15 輕壓進巧克力裡，讓整個表面沾上巧克力（千萬不要沾得太厚了），再慢慢地撈起來。

16 利用攪拌盆的邊緣刮掉還在滴下的巧克力，再放到紙上。

17 將叉子放在表面的對角線上，往上舉起後伸開，在表面作出條紋。

CHARDON ORANGE
香橙巧克力球

CHARDON PISTACHE
開心果巧克力球

CANDISE
糖霜巧克力
MENDIANT LAIT
堅果葡萄巧克力
ROCHERS CROUSTILLANTS
脆岩巧克力

CHARDON PISTACHE
開心果巧克力球

這是種使用瑪斯棒，加上用開心果來調味，模仿薊花（chardon）形狀所作成的巧克力球。

les ingrédients
pour
8 personnes

羅瑪斯棒（杏仁含量較高的marzipan） 200g
奶油 20g
開心果泥 20g
蘭姆酒 20ml
開心果 50g

糖粉 適量

黑巧克力page 14 1kg

1 將開心果切碎，放進攪拌盆內。

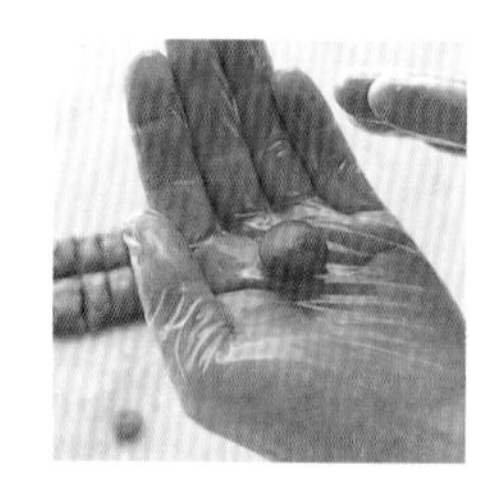

7 用雙手搓圓（1個8~10g），放在鋪在烤盤的紙上，置於室溫下約半天，讓表面變乾燥。

2 將羅瑪斯棒放進另一個攪拌盆內，再加入已用室溫軟化的奶油、開心果泥、蘭姆酒。

8 在手掌內抹些黑巧克力，再將**7**放上去，用兩手塗抹。

3 因為這種點心在製作時不會加熱，所以，請戴上手套來混合。羅瑪斯棒雖然有點硬，量少的時候，還是可以輕而易舉地用手混合好。

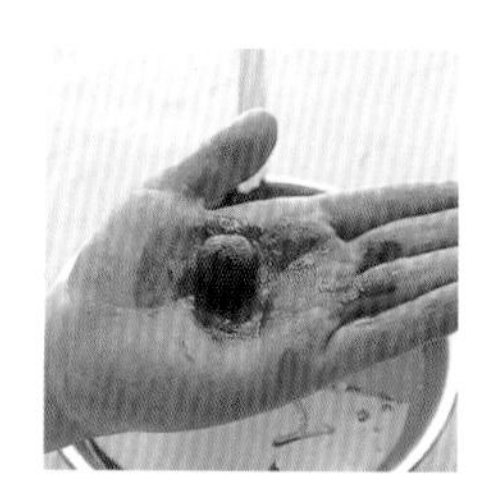

9 將巧克力抹勻在整個表面。

4 將**1**的開心果加到**3**裡混合。

10 用巧克力叉將**9**放進調溫過的牛奶巧克力裡，讓表面沾上巧克力。

5 將**4**整理成糰，放在大理石台上。撒上少許的糖粉，揉成棒狀，分成2等份。

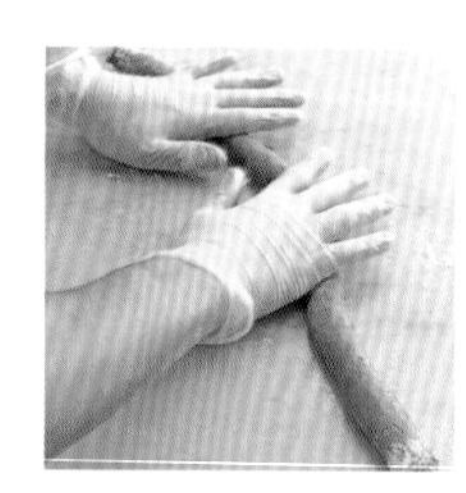

11 在巧克力開始要凝固時，放到網架上。

6 將**5**切成約1cm寬的塊狀。

12 在**11**半乾的狀態下，用巧克力叉小心慢慢地翻轉，作成薊花的形狀。然後，立刻移放到紙上，以免巧克力凝固後，黏在網架上。

CHARDON ORANGE
香橙巧克力球

這是種使用用瑪斯棒，加上用柑橘來調味，模仿薊花（chardon）形狀所作成的巧克力球。

les ingrédients
pour
8 personnes

羅瑪斯棒（杏仁含量較高的marzipan） 200g
奶油 20g
白蘭地橘子酒（Grand Marnier） 20g
糖漬橙皮 50g

糖粉 適量

牛奶巧克力page 14 1kg

1 將已用室溫軟化的羅瑪斯棒、奶油放進攪拌盆內，再加入白蘭地橘子酒。

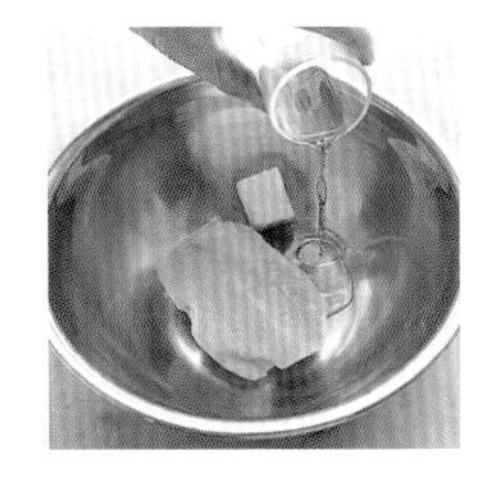

2 因為這種點心在製作時不會加熱，所以，請戴上手套來混合。羅瑪斯棒雖然有點硬，量少的時候，還是可以輕而易舉地用手混合好。

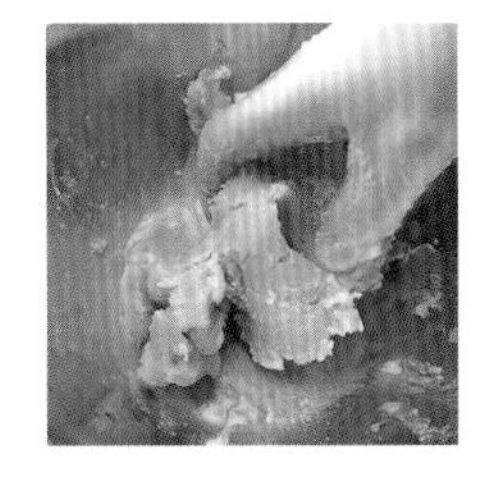

3 再用刮板混合。

4 將糖漬橙皮加到**3**裡混合。

5 整理成糰，放在大理石台上。撒上少許的糖粉，揉成棒狀，分成2等份。

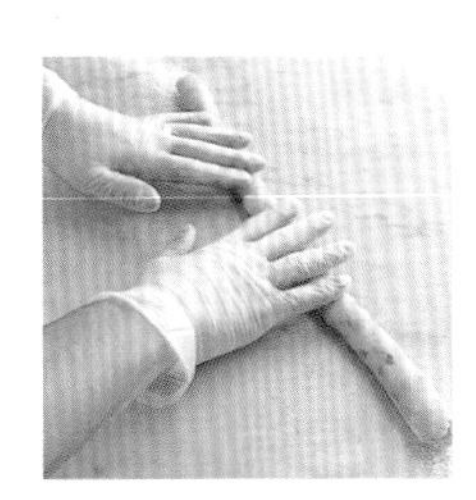

6 將**5**切成約1㎝寬的塊狀。

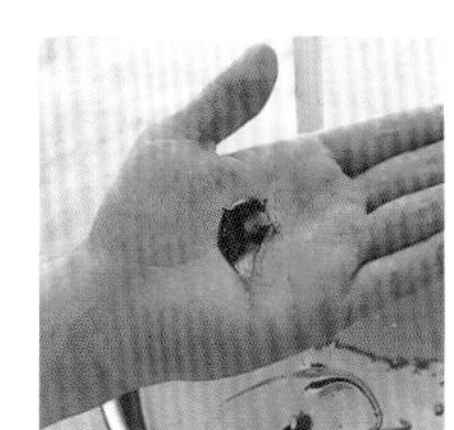

7 用雙手搓圓（1個8~10g），放在鋪在烤盤的紙上，置於室溫下約半天，讓表面變乾燥。

8 在手掌內抹些牛奶巧克力。

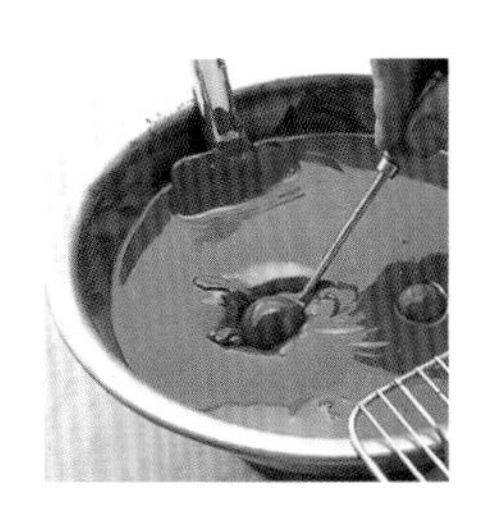

9 再將**8**放上去，用兩手塗抹。

10 用巧克力叉將**9**放進調溫過的牛奶巧克力裡，讓表面沾上巧克力。

11 在巧克力開始要凝固時，放到網架上。

12 在半乾的狀態下，用巧克力叉小心慢慢地翻轉，作成薊花的形狀。然後，立刻移放到紙上，以免巧克力凝固後，黏在網架上。

CANDISE
糖霜巧克力

這是種用糖漿加上巧克力奶油，所作成的巧克力糖。

les ingrédients
pour
8 personnes

水　30ml
細砂糖　60g
練乳　70ml
葡萄糖（glucose）　80g
奶油　180g
黑巧克力　240g
榛果帕林內　45g

〈巧克力糖用糖漿〉
細砂糖　2Kg
水　800ml

1 將水、細砂糖放進鍋內加熱，用攪拌器混合。沸騰後，立刻倒入攪拌盆內，隔冰塊降溫。然後，加入練乳、葡萄糖，隔水加熱，軟化，再過濾。

2 將黑巧克力切碎，放進攪拌盆內，隔水加熱。溫度不要太高，可以讓巧克力軟化的程度即可。

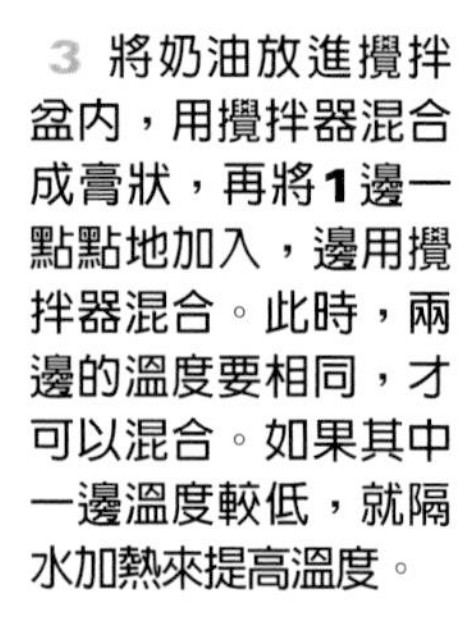

3 將奶油放進攪拌盆內，用攪拌器混合成膏狀，再將**1**邊一點點地加入，邊用攪拌器混合。此時，兩邊的溫度要相同，才可以混合。如果其中一邊溫度較低，就隔水加熱來提高溫度。

4 加少許**2**的巧克力到**3**裡，用攪拌器混合。

5 先將**2**剩餘的1/2量加入混合，再加入最後剩餘的部分混合。

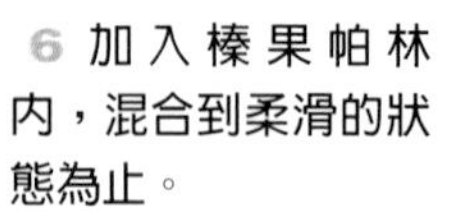

6 加入榛果帕林內，混合到柔滑的狀態為止。

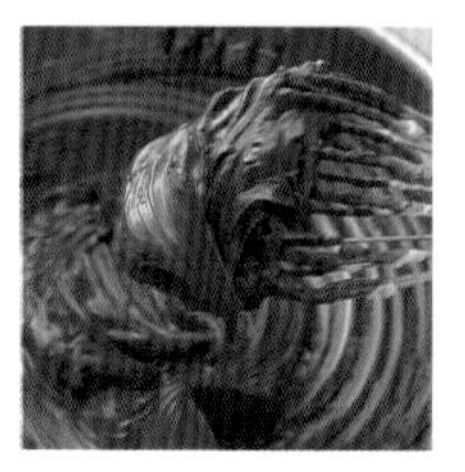

7 將矽膠烤盤布鋪在烤盤上，將**6**裝入套著4mm星形擠花嘴的擠花袋內，擠出約直徑2cm的圓形。放進冰箱冷藏約1小時。

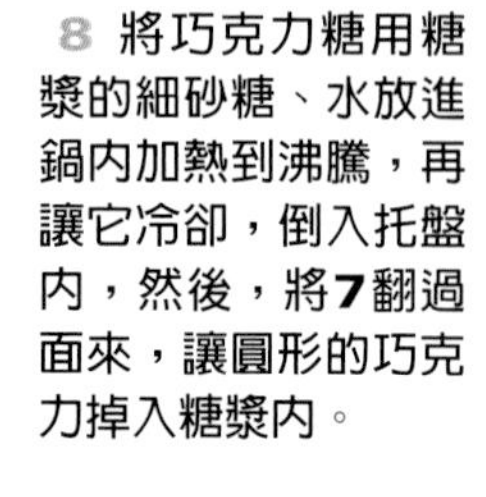

8 將巧克力糖用糖漿的細砂糖、水放進鍋內加熱到沸騰，再讓它冷卻，倒入托盤內，然後，將**7**翻過面來，讓圓形的巧克力掉入糖漿內。

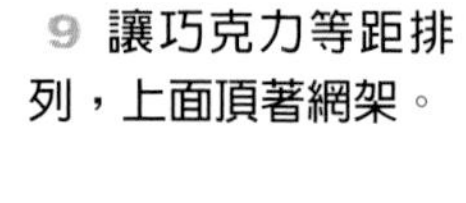

9 讓巧克力等距排列，上面頂著網架。

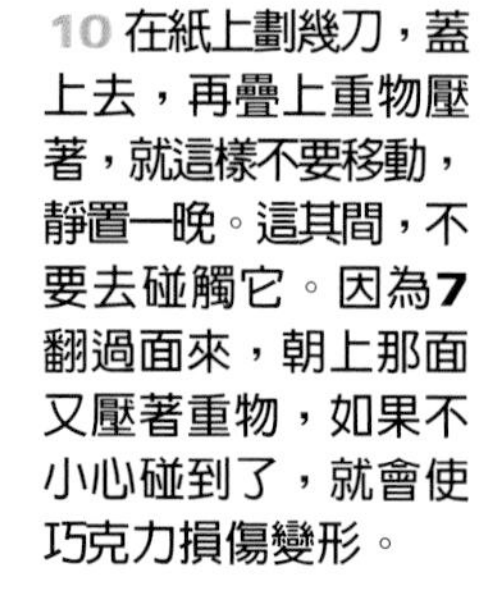

10 在紙上劃幾刀，蓋上去，再疊上重物壓著，就這樣不要移動，靜置一晚。這其間，不要去碰觸它。因為**7**翻過面來，朝上那面又壓著重物，如果不小心碰到了，就會使巧克力損傷變形。

11 等到**10**結晶後，將壓在上面的東西都拿開，並卸下網架。

12 取出巧克力，將多餘的糖漿瀝掉，放在置於托盤上的網架上。

ROCHERS CROUSTILLANTS, MENDIANT LAIT

脆岩巧克力、堅果葡萄巧克力

脆岩巧克力，是用巧克力像包裹著岩石般的包住了杏仁，堅果葡萄巧克力，則是上面擺滿了糖漬過的杏仁及橙皮，各具風味。

les ingrédients pour 8 personnes

ROCHERS CROUSTILLANTS
脆岩巧克力

焦糖杏仁（1個切成8塊） 200g
糖漬橙皮 50g
黑巧克力 5200g

〈焦糖杏仁〉
杏仁（1個切成8塊） 200g
細砂糖 580g
水 530ml
奶油 520g

MENDIANT LAIT
堅果葡萄巧克力

〈焦糖杏仁〉
杏仁（1個切成8塊） 200g
細砂糖 580g
水 530ml
奶油 510g

〈焦糖榛果〉page 68
榛果 5200g
細砂糖 580g
水 530ml
奶油 510g

開心果 5100g
葡萄乾 5100g
杏桃乾 5100g

牛奶巧克力page 14 500g

ROCHERS CROUSTILLANTS

1 製作焦糖杏仁。將細砂糖、水放進鍋內加熱。稍加熬煮後，再加入杏仁，充分混合。

2 從爐火移開，繼續混合到砂糖結晶了，杏仁像沾滿了白色的粉末為止。

3 再次加熱，繼續用木杓混合，讓結晶的砂糖融化，邊熬煮成焦糖，邊烘烤杏仁。

4 最後，加入奶油混合。

5 攤放在大理石台上散熱。

6 用三角刮刀邊混合，邊讓它冷卻。

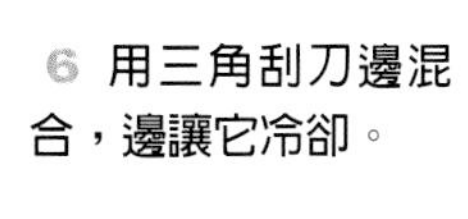

7 用兩手揉搓，讓黏在一起的杏仁散開來。

8 將焦糖杏仁、糖漬橙皮放進攪拌盆內，用橡皮刮刀混合。如果變冷了，就隔水加熱一下。

9 將調溫過的黑巧克力加入**8**裡混合。

10 用湯匙舀起**9**，放到紙上，靜置室溫下。等到凝固了，就OK了。

MENDIANT LAIT

1 將調溫過的牛奶巧克力裝入套著4㎜擠花嘴的擠花袋內，擠些許到紙上。

2 再擺上葡萄乾、切成小塊的杏桃乾、開心果、焦糖杏仁、焦糖榛果等，就大功告成了。

CARAMELS MOUS AU CHOCOLAT
焦糖巧克力軟糖

NOUGAT AU CHOCOLAT

果仁巧克力

CARAMELS MOUS AU CHOCOLAT

焦糖巧克力軟糖

這種巧克力軟糖，打開包裝的玻璃紙，入口後，那種令人懷念的焦糖味，就會在口中溶化散開。

les ingrédients
pour
8 personnes

matériel：
15×15cm 的方形中空模1個

可可塊　80g
細砂糖　200g
葡萄糖（glucose）　75g
鮮奶油　250ml
細砂糖　50g
奶油　25g

1 將可可塊切碎，放進攪拌盆內。將50g的細砂糖放進鍋內加熱，不時地用木杓攪拌。

2 熬煮成焦糖狀。

3 等到**2**沸騰後，就加入少量已煮沸的鮮奶油。

4 用木杓混合。

5 再將剩餘的鮮奶油一點點地加入混合。

6 加入200g的細砂糖。

7 用木杓攪拌混合到變得柔滑為止，注意不要燒焦了。

8 用已用水沾溼的秤盤，將葡萄糖放進去。

9 用木杓混合。

10 用溫度計量**9**的溫度，加熱到114℃。

11 加少量**1**切碎的可可塊進去。

12 用木杓混合。

13 再將剩餘的可可塊一點點地加入混合。

16 將刀子伸入方形中空模的內側，脫模。

14 混合到變得柔滑後，最後，加入奶油混合。

17 切成自己喜歡的大小，再用玻璃紙包起來，就完成了。

15 將矽膠烤盤布鋪在烤盤上，放上15×15cm 的方形中空模，將**14**倒進去。然後，放進冰箱冷藏片刻。

NOUGAT AU CHOCOLAT
果仁巧克力

這種果仁巧克力，添加了香脆的榛果、酸甜的櫻桃乾，風味獨特。

les ingrédients
pour
8 personnes

可可塊　300g
蜂蜜　300g
細砂糖　280g
水　100ml
葡萄糖（glucose）　50g
蛋白　50g
轉化糖　10g
酒石酸氫鉀　少許
乾燥蛋白　5g
榛果　350g
櫻桃乾　500g

commentaires:

■酒石酸氫鉀
〔creme de tartre〕
葡萄汁內含量很高，製造葡萄酒時，可以提煉出這種成分。可在糕點食材店、大型超市買得到。在打發蛋白時加入的話，可以讓泡沫打發成最佳的狀態。如果沒有，也可用檸檬汁等來代替。

■加入乾燥蛋白，是為了要保持蛋白霜氣泡的安定性。如果沒有，不用也沒關係。

1 將蛋白、轉化糖、酒石酸氫鉀、乾燥蛋白放進電動攪拌機內。

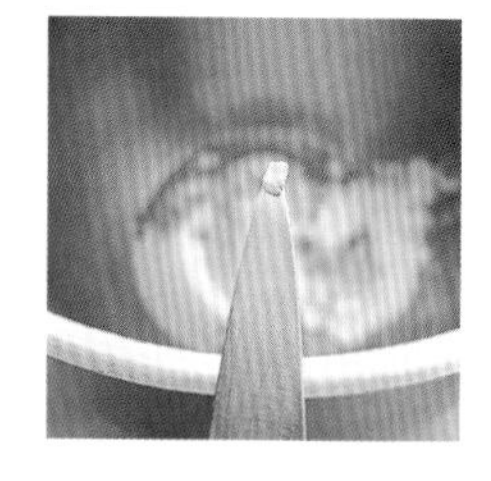

2 開動攪拌機，慢慢混合。

3 可可塊切細碎，放進攪拌盆內，隔水加熱。不時地用橡皮刮刀混合融化。

4 將細砂糖（需預留少量來作蛋白霜）、水、葡萄糖放進鍋內加熱。

5 混合櫻桃乾、烤過的榛果，用烤箱以140°C加溫。

6 用溫度計量**4**的溫度，加熱到145°C。

7 用沾水的毛刷，刷掉沾黏在**6**的鍋內側的砂糖。將蜂蜜倒入另一個鍋內，加熱到120°C。

8 開動**2**的攪拌機，邊攪拌，邊一點點地加入**4**剩餘的細砂糖，打發到可以形成立體狀，製作蛋白霜。

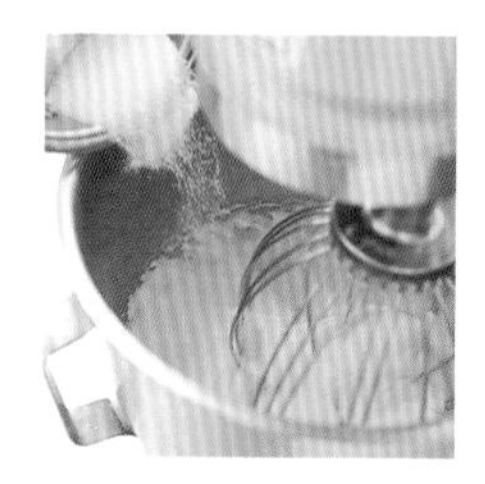

9 先將熬煮到120°C的蜂蜜，像絲般地滴入**8**裡。

10 繼續用攪拌機攪拌。

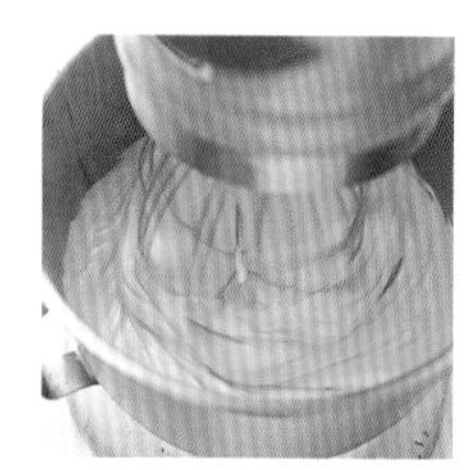

11 然後，將熬煮到145°C的糖漿，像絲般地滴入**10**裡。

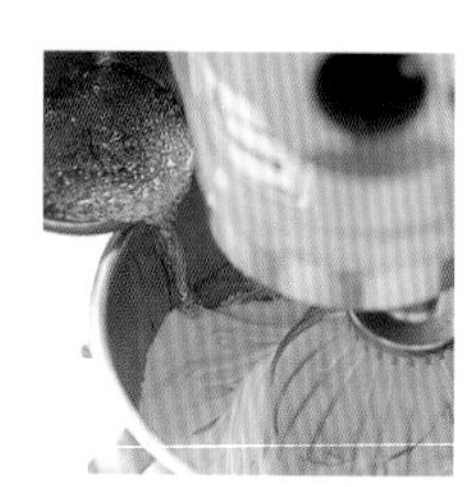

12 用瓦斯噴槍邊加熱攪拌機的周圍，邊繼續不斷地攪拌混合。

13 將**3**的巧克力一點點地加入，混合到變得柔順為止。

14 用橡皮刮刀將周圍刮乾淨。

15 將**14**倒入攪拌盆內。

16 將**5**倒入**15**內。

17 用橡皮刮刀混合。

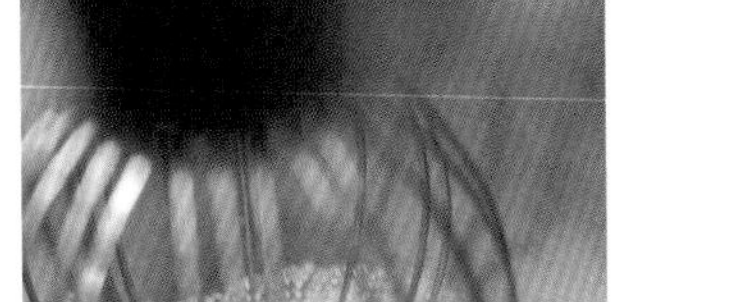

18 將**17**舀到矽膠烤盤布上。

19 用矽膠烤盤布包起來，散熱。

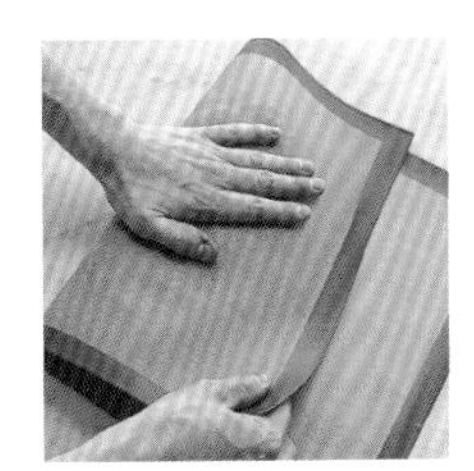

20 作成棒狀，注意不要燙到。

21 配合塑膠圓筒（Cylindre plastique）的大小，剪裁矽膠烤盤布，再將**20**捲起來。

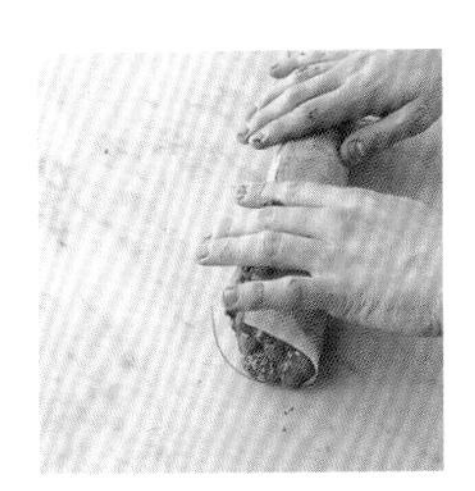

22 將**21**塞進塑膠圓筒內。

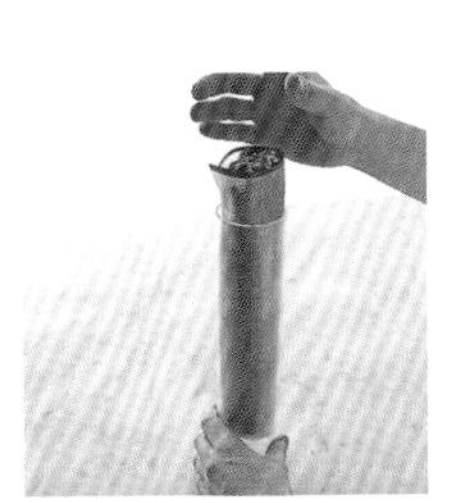

23 塞滿後，用刮板將開口處壓平，放進冰箱冷藏約2小時。

24 將**23**切成5~10㎜厚的圓片，就大功告成了。

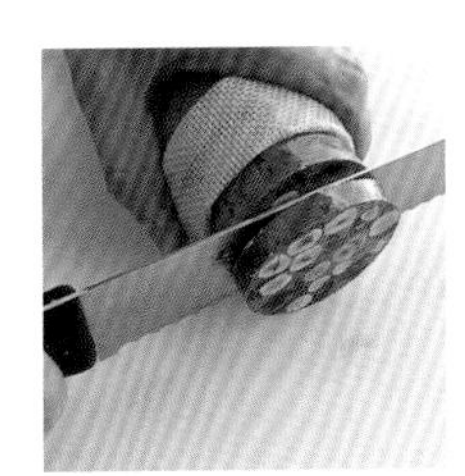

TUILE AU CHOCOLAT
瓦片巧克力

瓦片巧克力是種很常見的烘烤點心，焦糖杏仁和巧克力的組合，讓味道更香濃可口。

les ingrédients
pour
8 personnes

黑巧克力　200g
焦糖杏仁碎粒　150g

〈焦糖杏仁碎粒〉page 70
杏仁碎粒　150g
糖漿（糖度30度）　60ml
奶油　15g

1 將焦糖杏仁碎粒加入調溫過的黑巧克力裡混合。

4 用抹刀抹平。

2 用橡皮刮刀充分混合。

5 將**4**放到擀麵棍上，作成圓弧狀。等到巧克力變硬後，就可以拿下來了。

3 用厚紙板作成6.5㎝圓形的甜甜圈模型。然後，放在玻璃紙上，將適量的**2**舀到圓的中央。

PATE A TARTINER AU CHOCOLAT
巧克力麵包醬

將巧克力醬塗滿在切成厚片的法國麵包上，再來一杯歐蕾咖啡，就更完美了！

les ingrédients
pour
8 personnes

榛果帕林內　250g
黑巧克力　80g
可可塊　80g
榛果油　25ml

〈榛果帕林內〉page 70

（杏仁帕林內）
細砂糖　200g
水　60ml
乾燥香草莢　3支
榛果　300g

1 將黑巧克力、可可塊切細碎，放進攪拌盆內，隔水加熱。

2 邊用橡皮刮刀混合，讓巧克力融化，不要產生結塊。

3 加入少量的榛果帕林內混合。

4 再將剩餘的全部加入。

5 用橡皮刮刀混合到變得柔滑。

6 將榛果油邊一點點地倒入，邊混合。

7 用橡皮刮刀，由中央朝外，像要舀起般地混合到柔滑的狀態。

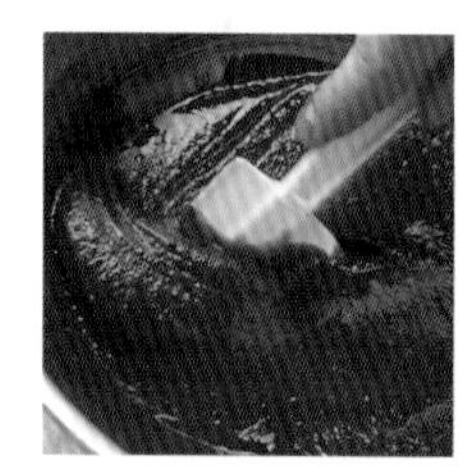

8 將**7**倒入攪拌機內攪拌，就完成了。塗抹在麵包等上面，就可以吃了。

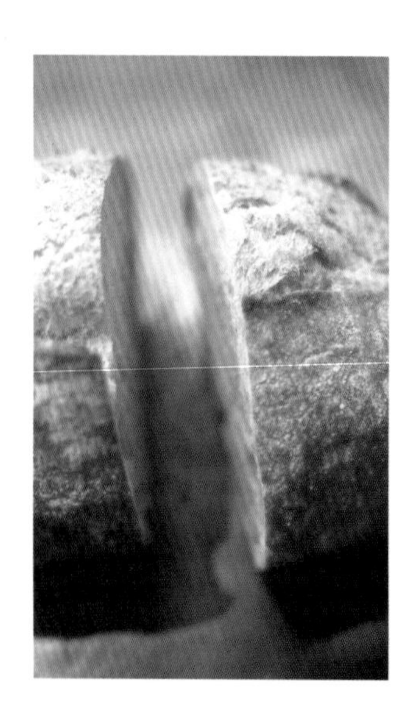

BONBONNIERE（BRILLANTE）

閃亮巧克力盒

閃亮巧克力盒，只使用了3種顏色的巧克力，就成了閃亮誘人的巧克力點心了。您不妨儘情發揮自己的想像力，設計出獨創，屬於自己風格的花紋來。

les ingrédients pour 8 personnes

白巧克力	2kg
牛奶巧克力	1kg
黑巧克力	1kg

1 將調溫過的白巧克力放進攪拌盆內，再用橡皮刮刀將牛奶巧克力、黑巧克力滴進去。

2 輕輕攪拌2~3回，作出大理石的花紋。

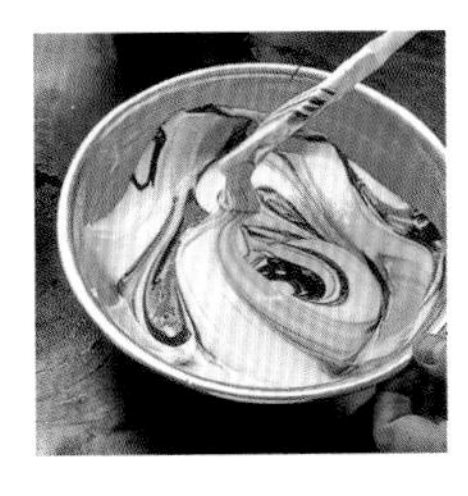

3 將玻璃紙鋪在大理石台上，四角用巧克力沾黏固定後，再將2倒在上面。

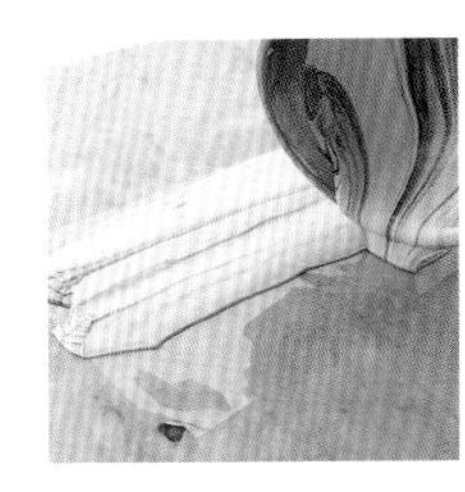

4 用L形抹刀向左右抹開來。

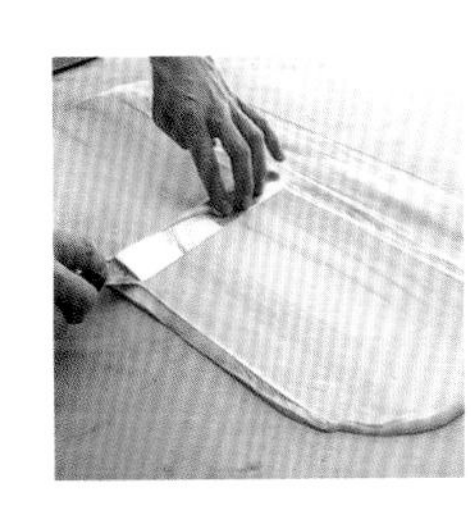

5 將四邊切齊後，移到烤盤上，放置室溫下凝固。如果是夏季，也可以放進冰箱冷藏凝固。

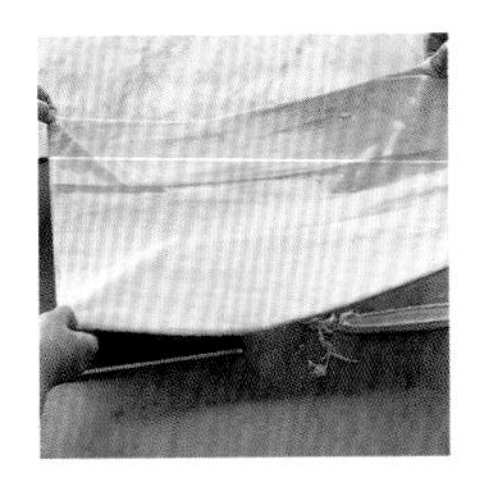

6 將厚紙板切成等邊三角形，或自己喜愛的形狀。要配合烤盤的大小來切割。

7 等到**5**變成像奶油般地硬度時，就依照**6**的紙型，切成2塊等邊三角形。

8 再依照紙型，切割出側面用的3塊巧克力。

9 將紙鋪在**8**的上面，再將烤盤疊上去。然後，放進冰箱冷藏。

10 製作裝飾花。將白巧克力裝入圓錐形紙袋內，擠到玻璃紙上。

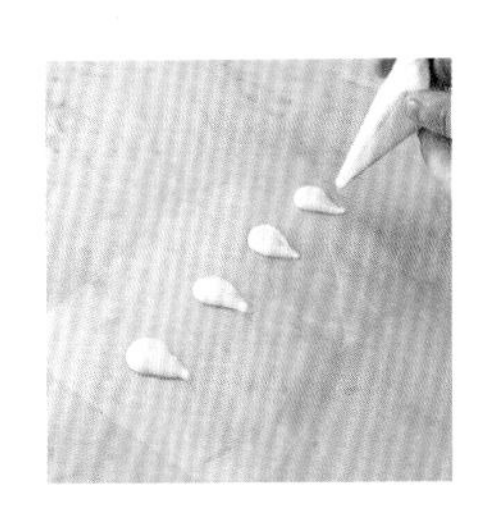

11 用料理用小刀（Couteau d'office）在兩邊各壓出3條紋路，製作裝飾用的花瓣。

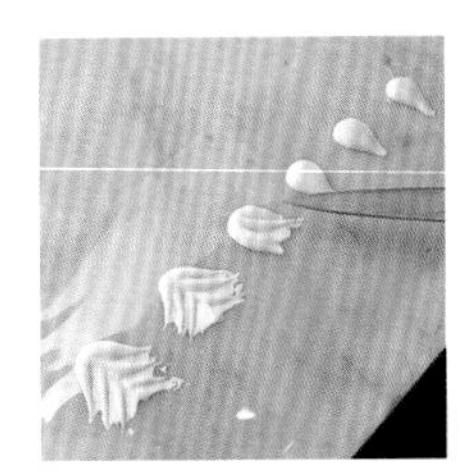

12 將玻璃紙卷起來，用膠帶黏貼固定，再放進冰箱冷藏。

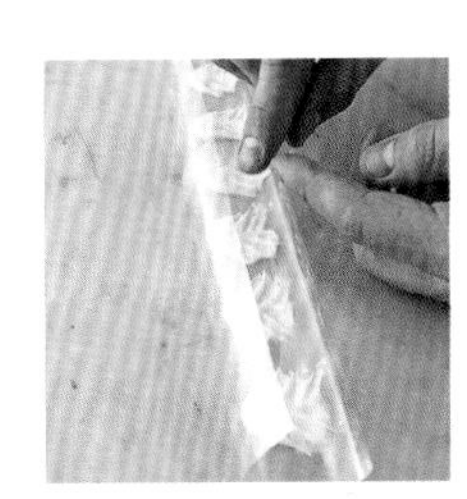

13 製作裝飾葉片。用抹刀將半甜巧克力抹在玻璃紙上，作出6片葉子。

14 將玻璃紙卷起來，用膠帶黏貼固定，再放進冰箱冷藏。

15 製作裝飾花蕊。將半甜巧克力裝入圓錐形紙袋內，擠到玻璃紙上，放進冰箱冷藏。

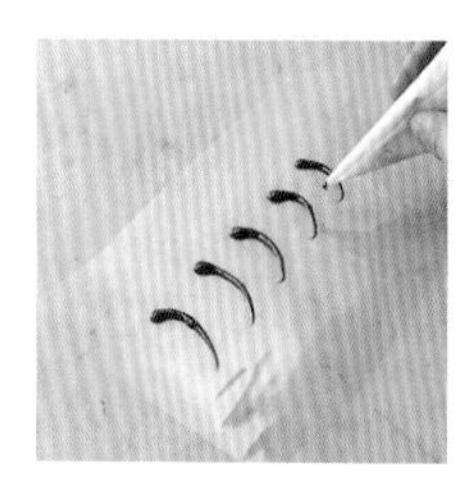

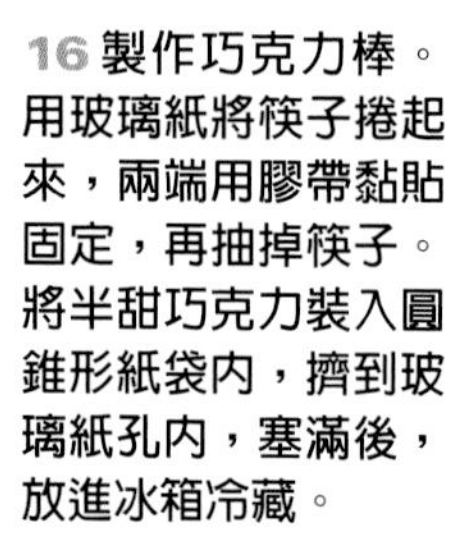

16 製作巧克力棒。用玻璃紙將筷子捲起來，兩端用膠帶黏貼固定，再抽掉筷子。將半甜巧克力裝入圓錐形紙袋內，擠到玻璃紙孔內，塞滿後，放進冰箱冷藏。

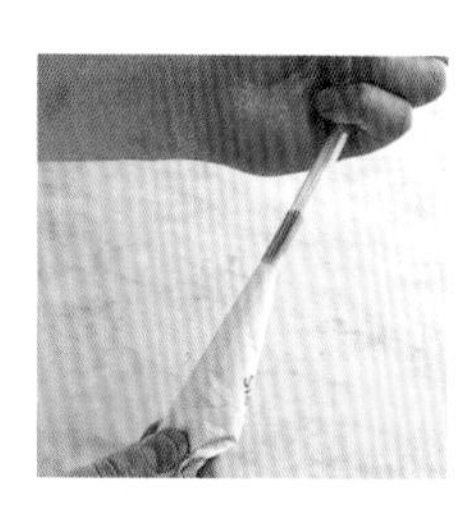

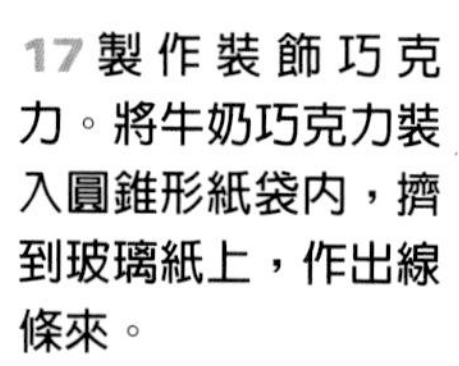

17 製作裝飾巧克力。將牛奶巧克力裝入圓錐形紙袋內，擠到玻璃紙上，作出線條來。

18 比照步驟**17**，用黑巧克力在上面擠出線條來。

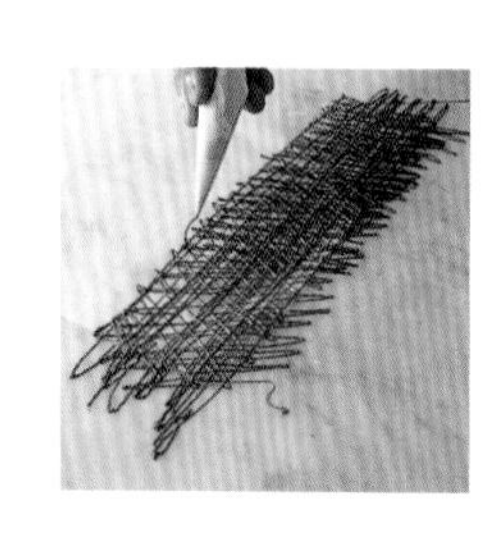

19 用抹刀將周邊參疵不齊的巧克力切齊。

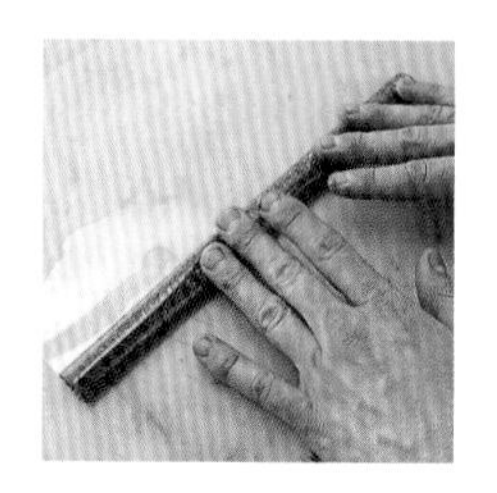

20 將玻璃紙卷起來，用膠帶黏貼固定。

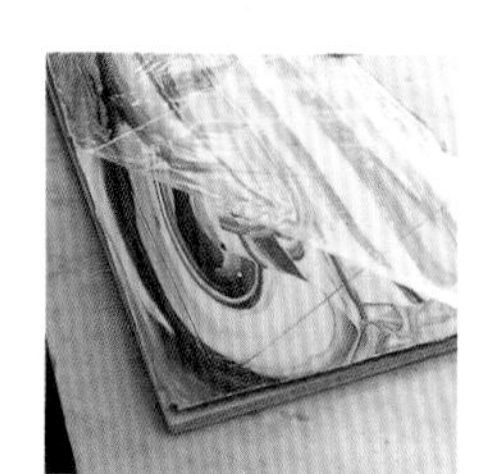

21 開始組合。取出**9**，放到大理石台上，將紙撕除。

22 取出切開的2塊三角形，3塊側面用的巧克力。

23 將烤盤加熱到手可以觸摸的溫度，將**22**側面用的巧克力邊緣貼上去，讓它融化，以便在組合時可以用來黏貼。

24 將**23**的巧克力塊黏貼到底座的三角形巧克力塊上。

25 將白巧克力裝入圓錐形紙袋內，擠到側面巧克力的內側，讓巧克力塊可以黏住底座。

26 將黑巧克力裝入圓錐形紙袋內，擠到**25**側面巧克力的前端。

27 用瓦斯噴槍加熱刀子，將**16**的巧克力棒切成3cm的長度（巧克力盒的高度），黏在**26**側面的前端。

28 組合裝飾花。將白巧克力擠到小張的紙上。

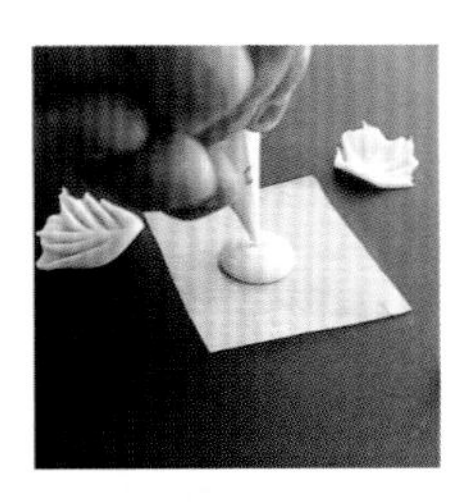

29 用抹刀將**12**的巧克力切成花瓣的形狀，擺到**28**上，組合成花朵的形狀。

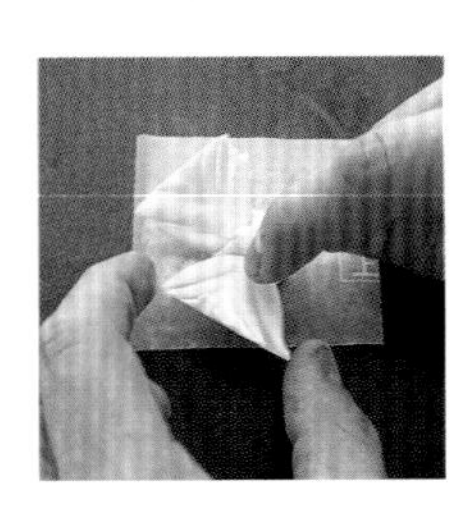

30 將白巧克力擠到中央，來固定住花瓣。

31 調整花瓣的位置，讓花瓣看起來更逼真靈活。

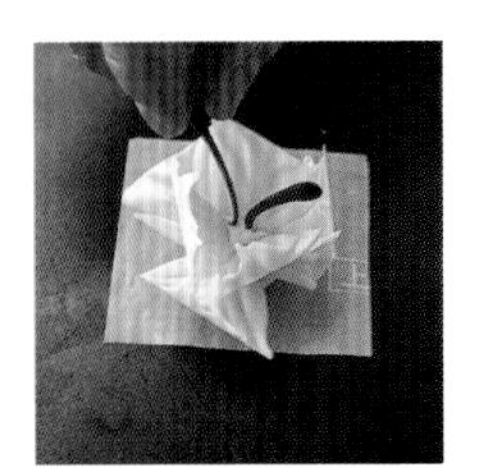

32 用黑巧克力來黏住**15**的花蕊。

33 將**20**的巧克力切成適度的長度後，沾上黑巧克力，擺在三角形盒蓋上。

34 將黑巧克力裝入圓錐形紙袋內，擠到盒蓋上，黏住**33**的巧克力。

35 擺上**32**的花朵。

36 比照步驟**34**，用黑巧克力將**14**裝飾用的葉片黏上去。

BONBONNIERE（PISTOLET CHOCOLAT）
心型巧克力盒（噴飾巧克力）

裝糖果的盒子，稱之為BONBONNIERE。這道點心，在生日或情人節等特殊的日子裡，可以成為別出心裁的禮物喔！

les ingrédients pour 8 personnes

matériel：
直徑約15㎝的心形模型（Moule en forme de cœur）1個

黑巧克力page 14　1kg
白巧克力page 14　500g

〈噴飾巧克力〉
黑巧克力　600g
可可奶油　400g

〈裝飾〉
瑪斯棒（杏仁膏，marzipan）200g
食用色素（紅、綠）　適量
玻璃糖霜（glace royale）　少許

commentaires:
■噴飾巧克力（pistolet chocolat）將黑巧克力、可可奶油切細碎，放進攪拌盆，隔水加熱融化。然後，依黑巧克力的溫度（page 13）狀況，進行調溫。由於添加了可可奶油，增高了它的流動性，調溫時，與其直接在大理石台上，倒不如將巧克力倒入大一點的托盤內來進行，會比較好。

1 裁剪厚紙板，製作大、中、小，3片心形模型的紙蓋。將網架放在托盤上備用。

2 將調溫過的黑巧克力倒入心形模型內，填滿。

3 然後，靜置約30秒。

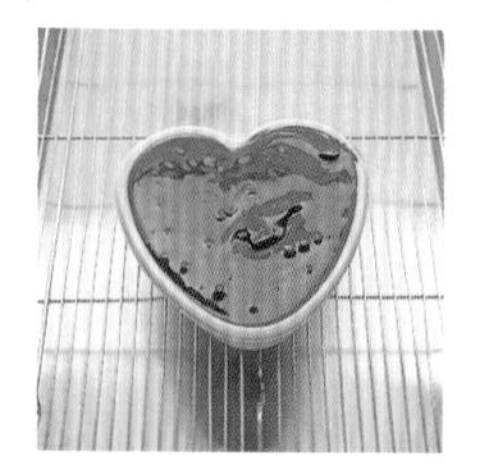

4 翻過面來，倒出巧克力。

5 用抹刀刮除開口處多餘的巧克力後，倒扣，放在**1**的網架上。

6 待**5**稍微凝固後，用抹刀將開口處刮乾淨，再放進冰箱冷藏。

7 將襯紙鋪在大理石台上，四角用巧克力黏貼固定，再將調溫過的黑巧克力倒上去。

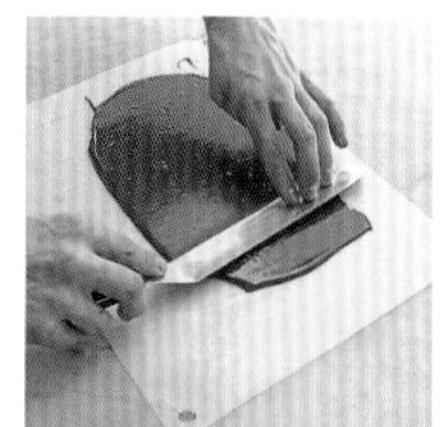

8 用L形抹刀抹開來，放在倒扣的烤盤上，放進冰箱稍加冷藏。

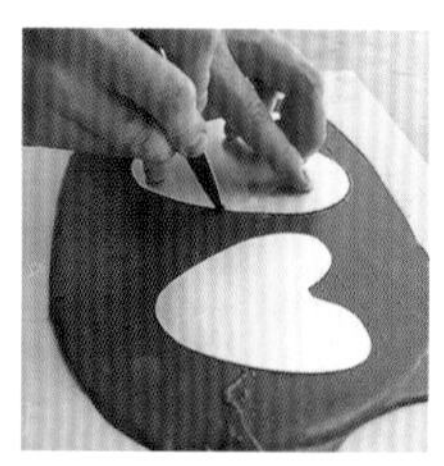

9 待巧克力變得像黏土般硬時，將**1**的大、小心形紙板放上去，用刀子沿著紙板裁切巧克力。

10 翻過面來，撕除襯紙。

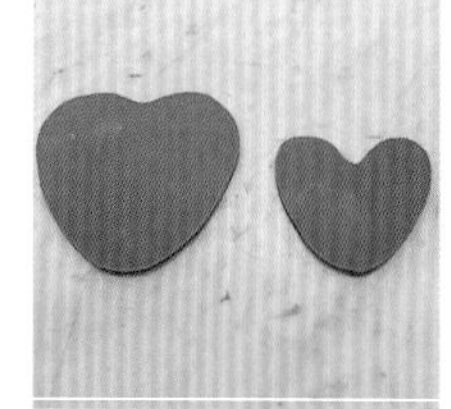

11 製作巧克力盒蓋用的2片心形巧克力就完成了。

12 將巧克力倒入圓錐形紙袋內，擠到**11**的大心形巧克力背面上，用來黏貼小心形巧克力。

Le Cordon Bleu
1895
Paris

13 將11的小心形巧克力黏貼上去。

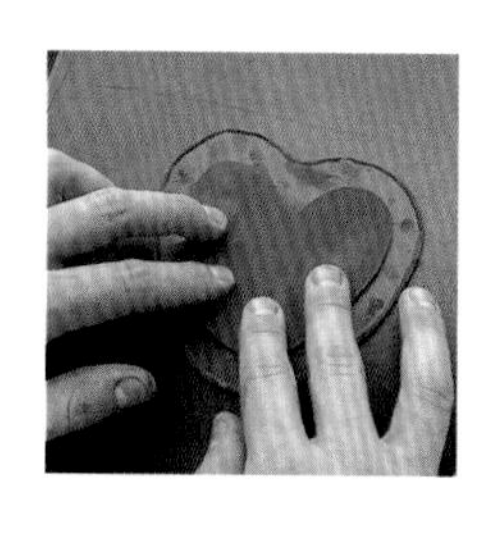

14 將襯紙鋪在大理石台上，四角用巧克力黏貼固定，抹上薄薄一層的白巧克力後，放進冰箱冷藏。

15 將1的小心形紙板放在14上面，裁切出1片心形巧克力。

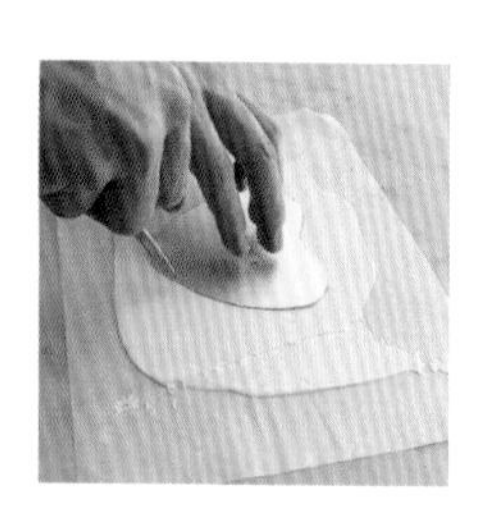

16 將6的巧克力脫模，稍微加熱烤盤後，將開口處貼在烤盤上融化。

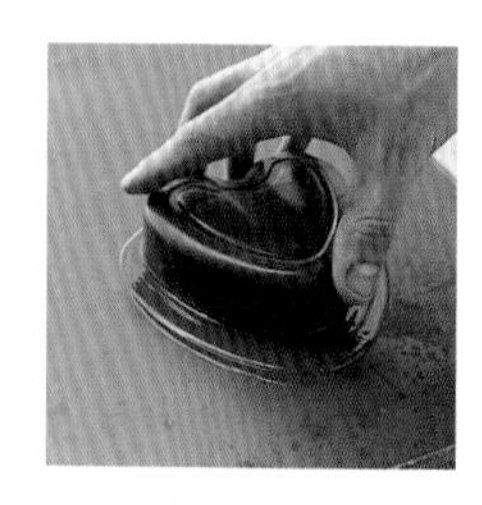

17 用手指描劃，將心形的邊緣線條整理得漂亮整齊。

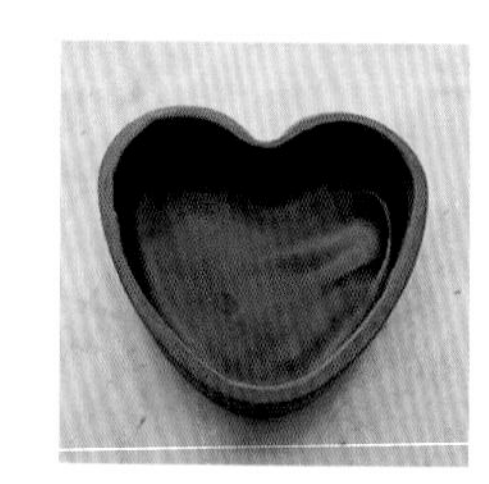

18 將13的巧克力翻面，在朝上那面塗抹上適量的白巧克力。

19 將15黏貼在18上。

20 將白巧克力擠在上面，用來黏貼裝飾用的瑪斯棒娃娃（page 99）。

21 將調溫過的噴飾巧克力裝入巧克力噴飾機page 103內，在20的表面噴淋上薄薄的一層，再依個人喜好，擺上巧克力塊等作裝飾。

●將瑪斯棒放進攪拌盆内，戴上手套，用手揉和到變軟。先依**1~6**照片的順序，製作軀體部分。再依**7~12**照片的順序，製作頭部。然後，將頭黏貼在軀體上，就大功告成了。

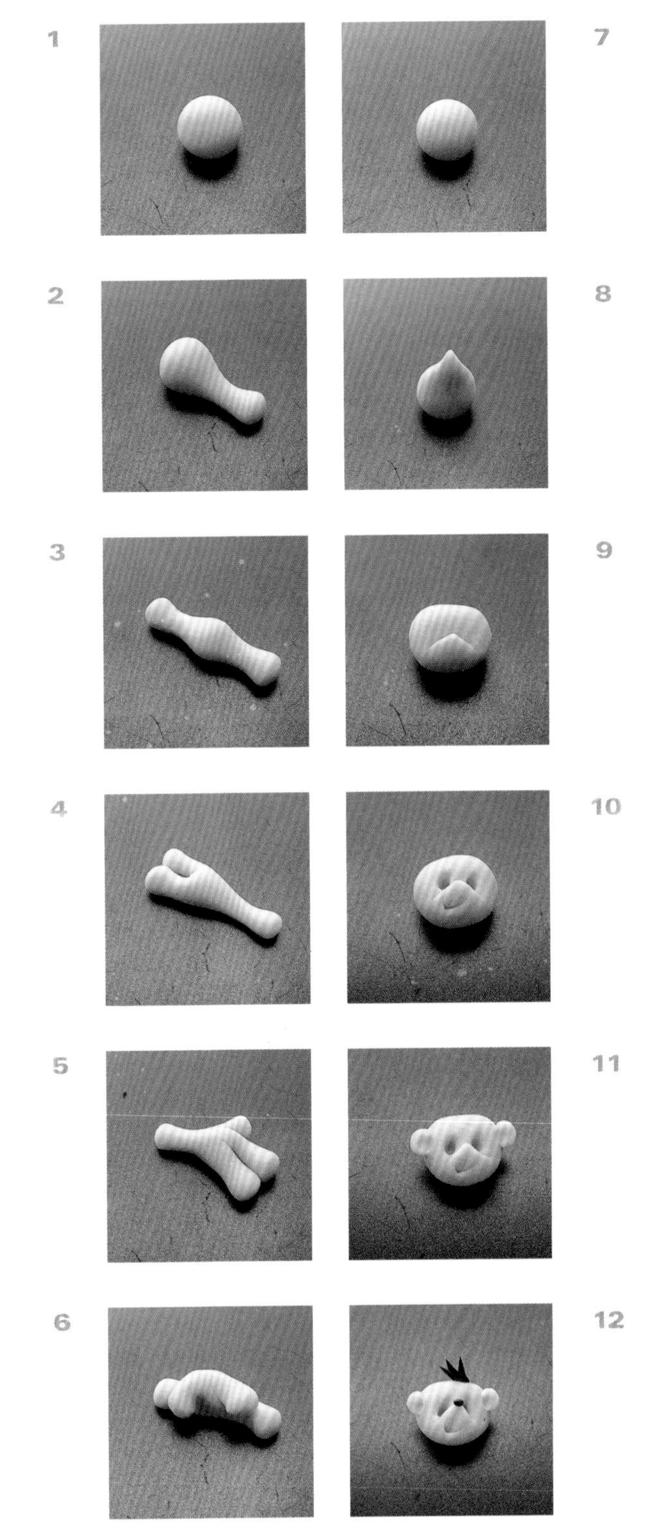

MATERIEL AVEC EXPLICATON

器具

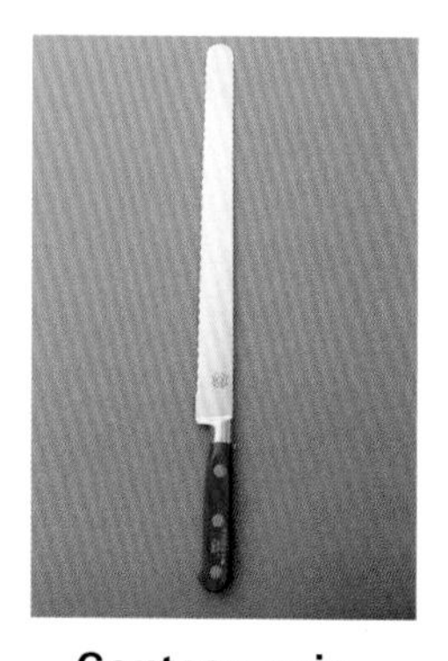

Couteau-scie

〔鋸齒刀〕

麵包刀。刀刃呈鋸齒狀的刀子。用來切割質地柔軟的麵糰，可以切得整齊又漂亮。亦可用來切割像果仁糖（nougat）般質地堅硬的東西。

Couteau-émінceur

〔料理刀〕

為一種刀刃較長的刀子，使用範圍非常地廣泛，並不只限於在切割糕點、料理時才能使用。

Couteau d'office

〔料理用小刀〕

刀刃較短，常被當做水果刀來使用。用在細部作業上，非常便利。

Palette coudée

〔L形抹刀〕

因為靠近柄的部分有點角度，適合在將麵糊、巧克力抹開成一大片時使用。

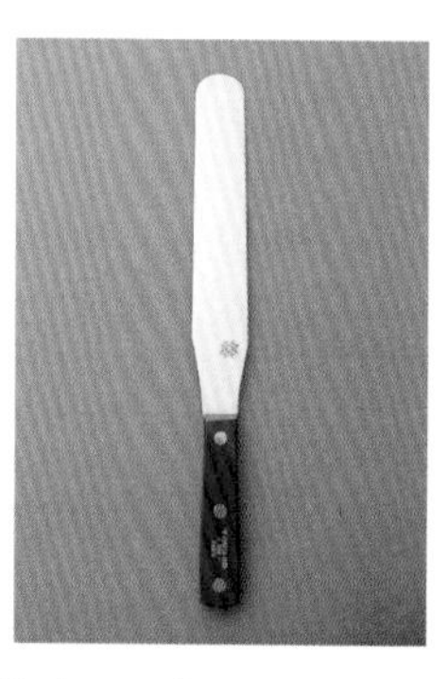

Palette à entremets

〔抹刀〕

將奶油或巧克力等均勻地塗抹在糕點上，並將表面整平等時候所使用的器具。前端呈圓形，具用彈性。

Triangle

〔三角刮刀〕

製作調溫巧克力，或雕刻巧克力形狀等時候用。

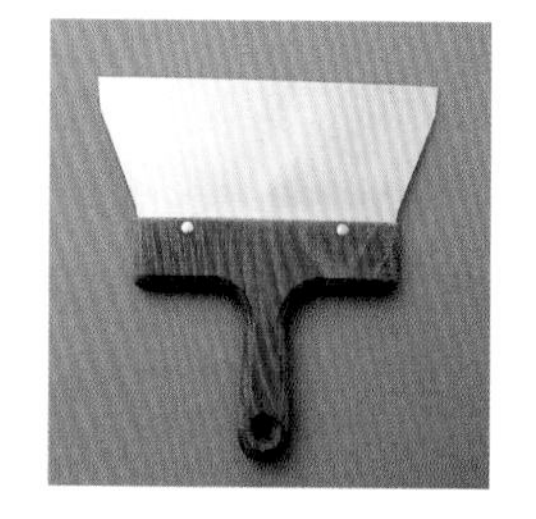

Grattoir

〔刮刀〕

製作大量的調溫巧克力等時候用。

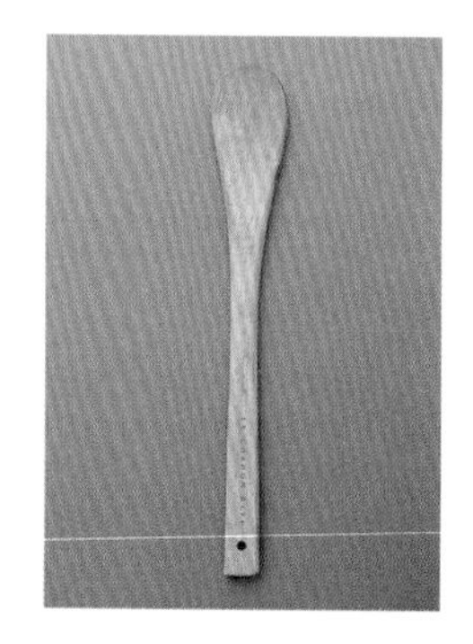

Spatule en bois

〔木杓〕

混合攪拌盆或鍋內的材料時用。製作英式奶油餡（creme anglaise）時，可以用來確認桌布狀態（a la nappe）。

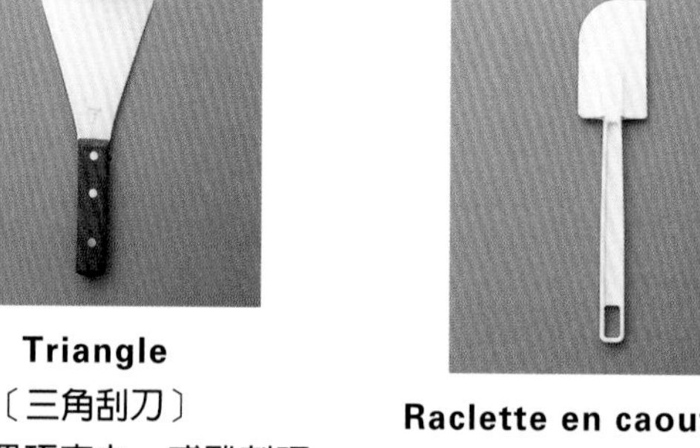

Raclette en caoutchouc

〔橡皮刮刀〕

在法文中又被稱為「Maryse」。將其它的材料加入打發過的材料或奶油裡混合，或刮取殘留在攪拌盆或鍋內的材料時用。

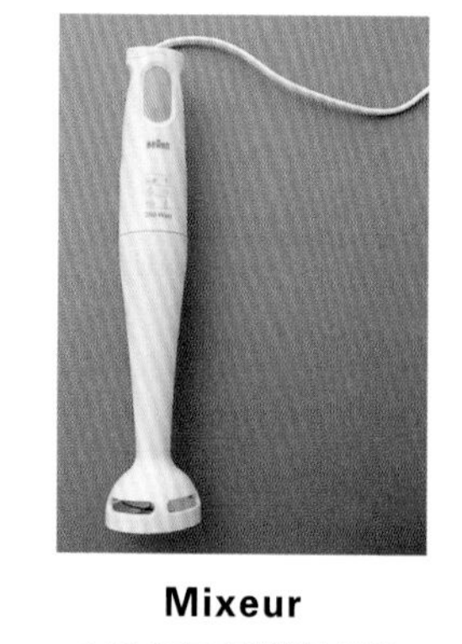

Mixeur

〔手提電動攪拌器〕

攪碎、混合或打發食材時所使用的器具。製作甘那許（ganache）時，最後若使用手提電動攪拌器，就可以將材質混合成滑順的狀態。

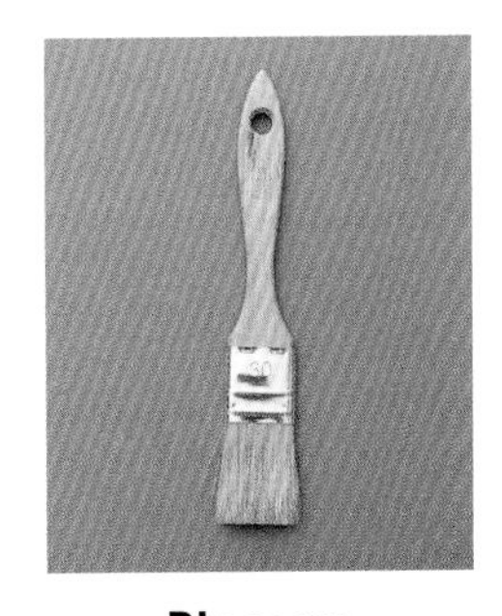

Pinceau

〔毛刷〕

塗抹糖漿或鏡面果膠時用。

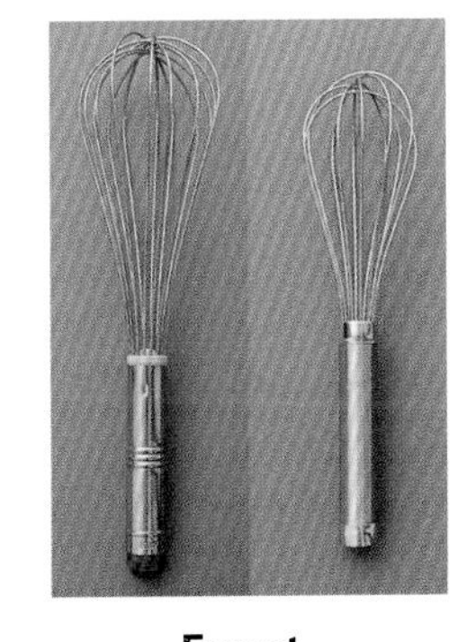

Fouet

〔攪拌器〕

又稱作打蛋器。打發蛋白或鮮奶油，或混合數種材料等時候用。

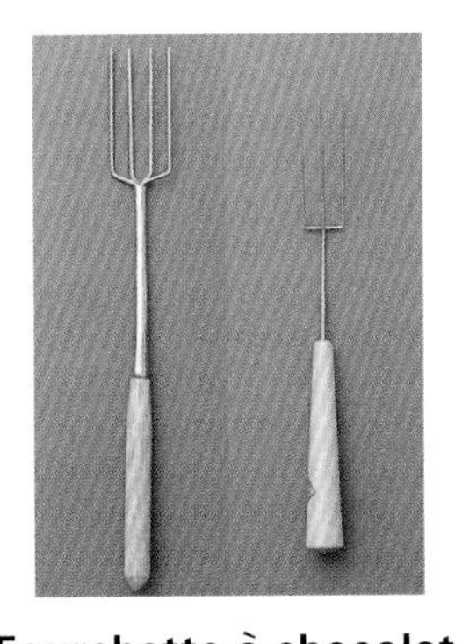

Fourchette à chocolat

〔巧克力叉〕

方形巧克力糖的最後修飾，或巧克力的表面塗層時所使用的器具。有雙叉至五叉，幾種不同的款式。

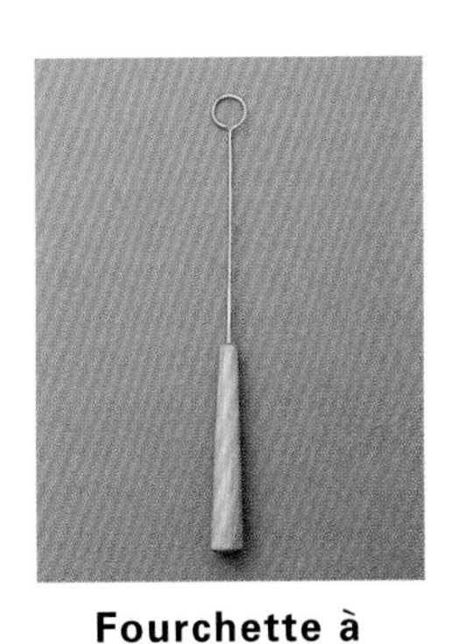

Fourchette à chocolat (Bague)

〔巧克力圓叉〕

前端呈圓環狀的巧克力用叉子。製作松露形巧克力，表面塗層時所使用的器具。

Cadre à entremets

〔方形中空模〕

將甜點的各部分層疊在一起，或凝固甘那許等時候，所使用的方形模型。

Cercle à entremets

〔圓形中空模〕

製作甜點時，將海綿蛋糕體、麵糊、慕斯、奶油等，層疊在一起時，所使用的圓形模型。

Moule à cake

〔長型模〕

烘烤長型蛋糕等時候用的模型。

Bassine

〔攪拌盆〕

混合材料時用。依不同的用途、量的多寡，來決定使用何種大小的攪拌盆。

Grille plate

Plaque à débarrasser

〔網架〕

Plaque a debarrasser

〔托盤〕

在甜點上作表面塗層時用。將甜點放在網架上，作表面塗層時，多餘的汁液就會流到托盤裡。

Moule en forme de cœur

〔心形模型〕

將巴巴洛亞（babaroa）布丁或巧克力倒入凝固等時候用。

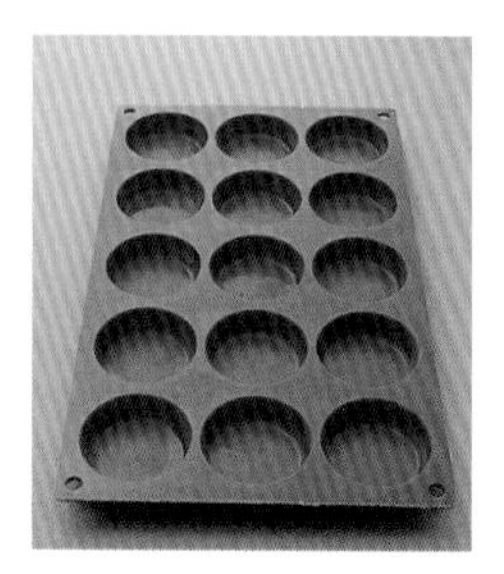

Moule souple

〔矽膠軟烤模〕

矽膠材質的模型。耐冷耐熱範圍為-50˚C~ +250˚C，脫模容易。

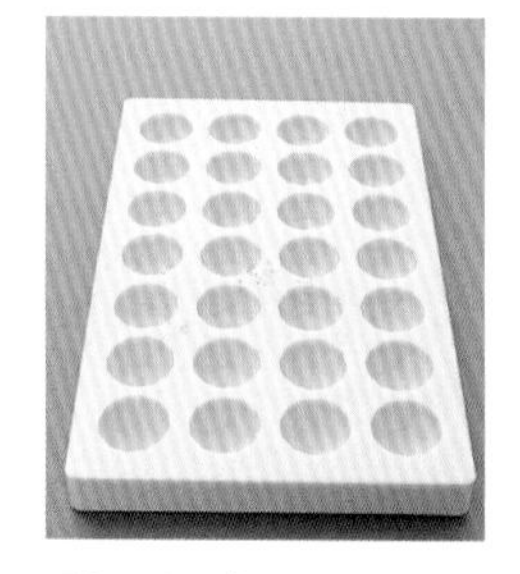

Moule à chocolat

〔鑽石形巧克力模〕

製作巧克力糖時用的模型。製作裡面填塞著甘那許的巧克力時之專用模型。有各式各樣不同形狀、花紋的模型。

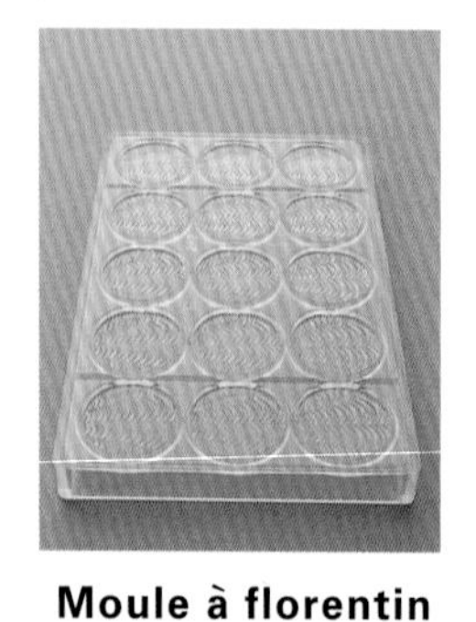

Moule à florentin

〔佛羅倫汀模〕

製作佛羅倫汀（florentin）時用的模型。在佛羅倫汀（page 58）作巧克力表面塗層時用。

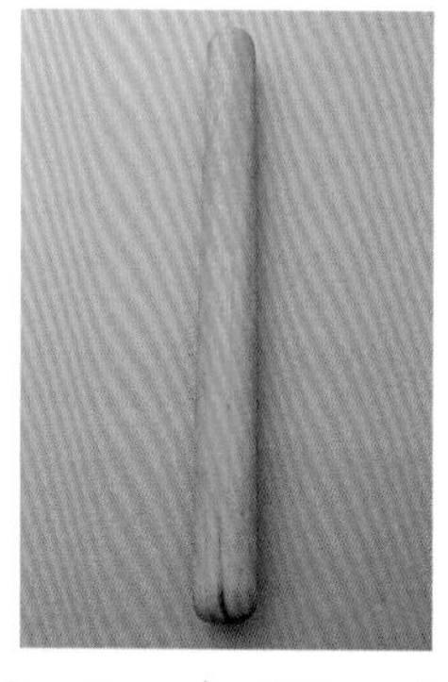

Rouleau à pâtisserie

〔擀麵棍〕

將麵糰擀開成麵皮時用。

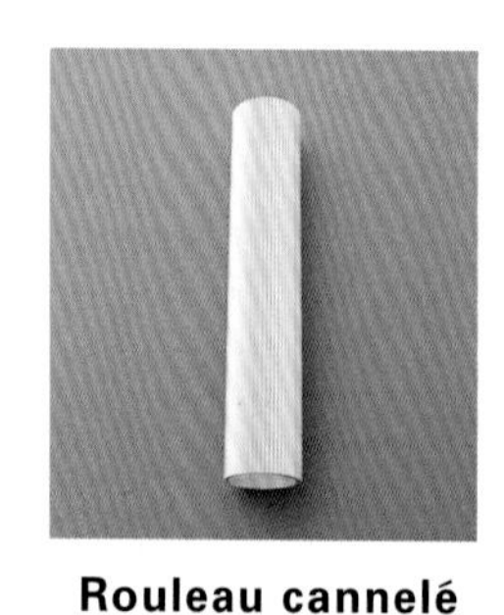

Rouleau cannelé

〔溝紋擀麵棍〕

又稱為瑪斯棒擀麵棍。表面帶有細小溝紋的擀麵棍。在瑪斯棒（marzipan）上做出花紋裝飾時用。

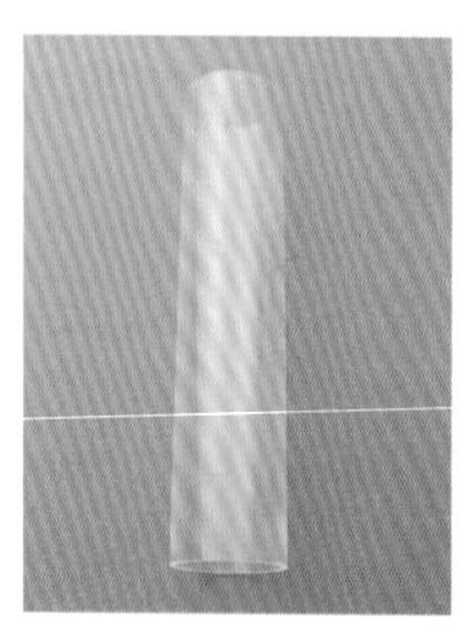

Cylindre plastique

〔塑膠圓筒〕

塑膠材質的中空圓筒。製作果仁巧克力（page 86）時使用。

Toque œuf

〔蛋殼切割器〕

將蛋殼上端切開時用的器具。

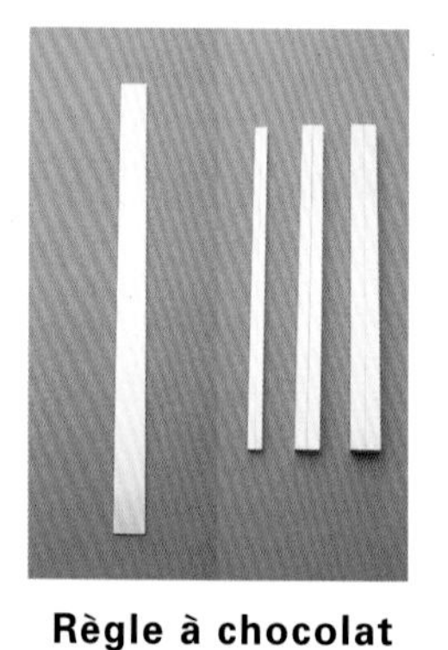

Règle à chocolat

〔切割尺〕

用來將甘那許等切割成均等的大小時所用的鋁製尺。

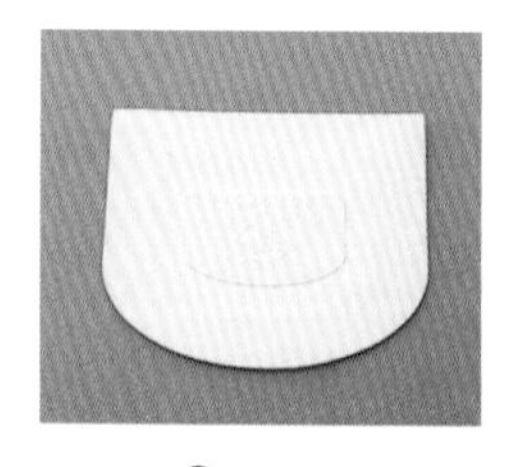

Corne

〔刮板〕

在工作台上混合麵糰，刮除鍋或攪拌盆內殘留的材料時用。

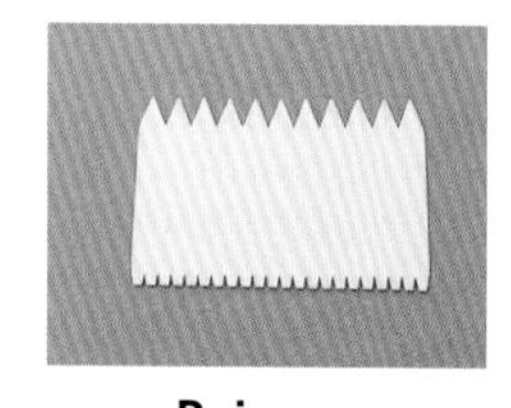

Peigne

〔鋸齒形刮板〕

在修飾用奶油的表面，或巧克力上作裝飾花紋時用。

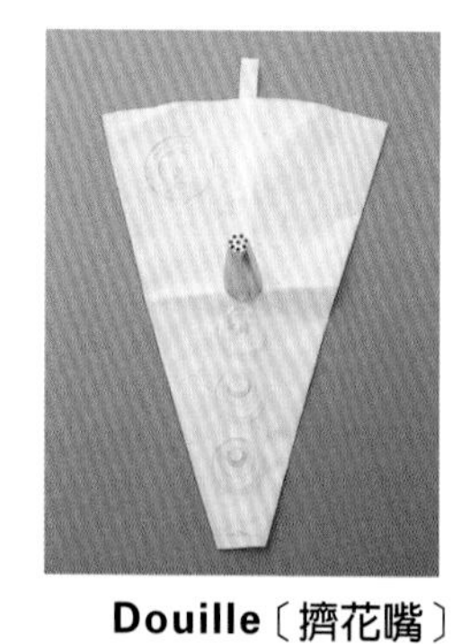

Douille〔擠花嘴〕

Poche〔擠花袋〕

使用時，在擠花袋的前端套上擠花嘴，再將麵糊或奶油等裝入，擠出。擠花嘴有各式各樣不同的種類、大小，例如：圓形、星形等形狀。

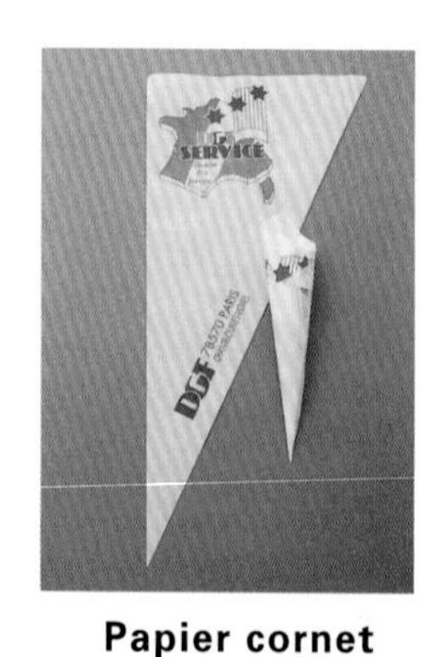

Papier cornet

〔圓錐形紙袋〕

可以捲成圓錐形的紙張。用來裝巧克力，或玻璃糖霜（glace royale）等，擠出細緻的條紋時用。

Tamis

〔網篩〕

篩各種粉類，或過濾混合過的材料等時候用。

Chinois étamine

〔圓錐形過濾器〕

細網作成的圓錐形過濾器。

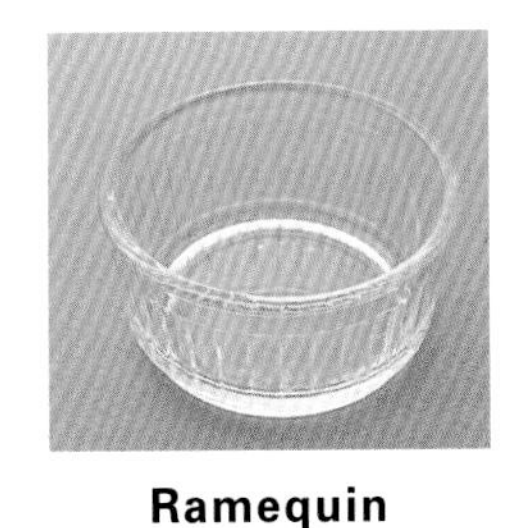

Ramequin

〔舒芙雷模〕

烘烤布丁或舒芙雷等時候使用的圓筒形容器。可耐熱，大小約介於直徑7~10cm之間。

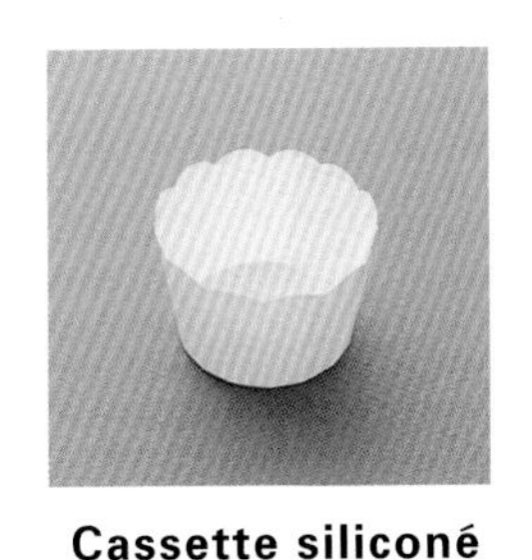

Cassette siliconé

〔矽膠烤杯〕

矽膠加工過，將麵糊等倒入後，就可以直接放進烤箱裡烘烤的烤杯。

Papier plastique

〔玻璃紙〕

巧克力專用的玻璃紙。要加工調溫過的巧克力時使用。可以讓巧克力在加工後表面變得光滑漂亮。

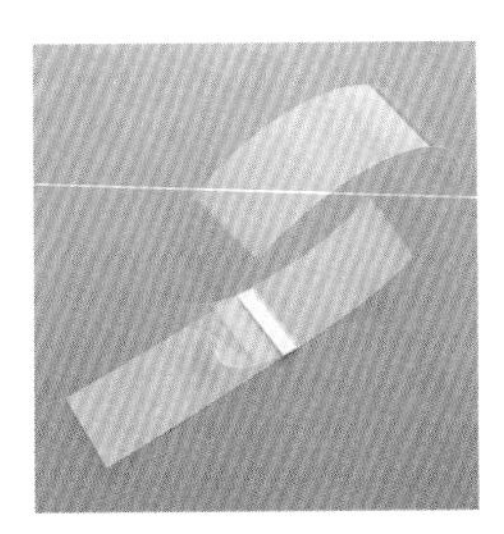

Bande plastique

〔圍邊膠帶〕

用來圈住甜點，或製作巧克力工藝時用。

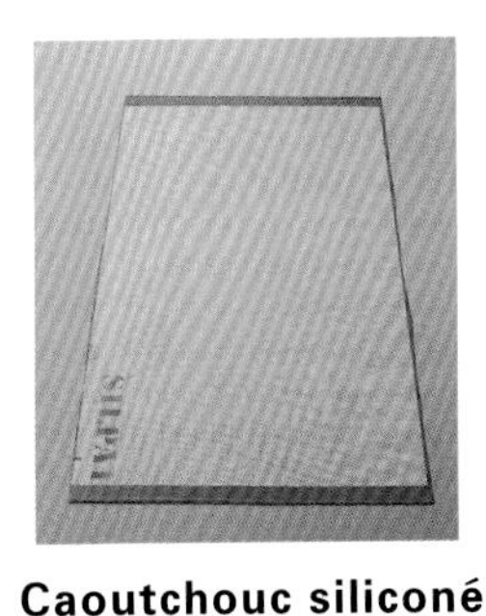

Caoutchouc siliconé

〔矽膠烤盤布〕

亦稱為Silpat。矽膠製的烤盤布。可使用的溫度範圍為-30˚C~+270˚C。可用來烘烤麵糰、麵糊，在巧克力上作出花紋，或製作糖工藝等，用途非常廣泛。

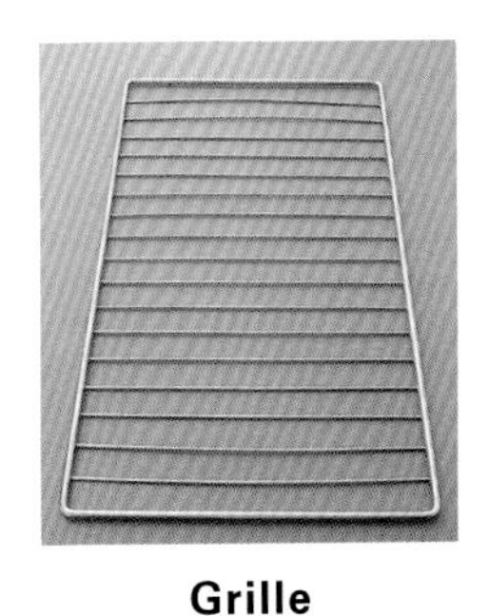

Grille

〔烤箱網架〕

烤箱內的網架。烘烤盛裝在模型裡的麵糰等，或放置烤好的東西，讓它冷卻時用。

Plaque à four

〔烤盤〕

可分為淺型、深型，或有無鐵氟龍加工過者，種類繁多。

Chalumeau

〔瓦斯噴槍〕

加深烤好東西的顏色，或甜點要脫模時，加溫中空模的周圍，使模型更容易脫離的時候用。

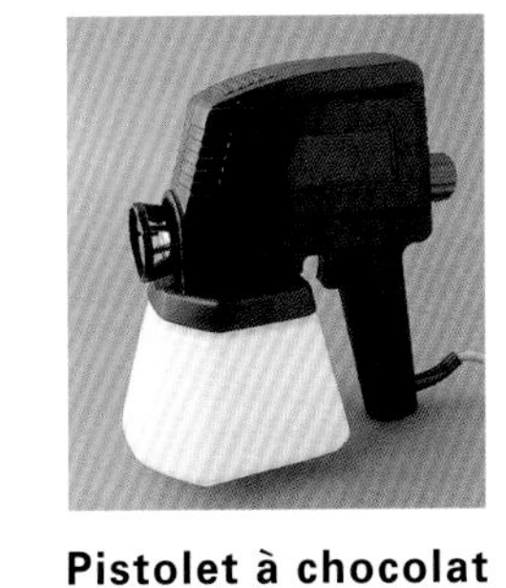

Pistolet à chocolat

〔巧克力噴飾器〕

巧克力專用的噴槍。甜點作最後的修飾，或欲在表面作出花樣時用。

Machine à mixer

〔電動攪拌機〕

打發鮮奶油、蛋白，或讓空氣能夠打進去，和麵糰、麵糊混合在一起時使用。

Le Cordon Bleu Tokyo
Roob -1, 28 -13 Sarugaku - cho
Daikanyama , Shibuya ku Tokyo 150 0033 Japan
ROOB-1 TEL 813-5489-0141 Fax 81 3 54890145
tokyo@cordonbleu.edu http:// www.cordonbleu.co.jp

1895年，自法國藍帶廚藝學院這所法國料理專業學校創立於巴黎以來，歷經傲人的105年歷史，使其聞名於世。糕點部門貫徹其自創始初期即立下的「傳統與藝術性並重的法國糕點」之教育方針，培育過來自世界各地超過50個國家的學生，而畢業生當中，成為職業級料理專家的人更是枚不勝數。來自日本的留學生不計其數，結業證書甚至已成了社會地位的象徵。位於代官山的東京分校，承繼了巴黎本校如此的淵源，於1991年開校。東京分校有著許多法國專業的料理大師所組成的教師陣容，儼然成了公認的法國料理文化重鎮。2000年，另設立了橫濱分校（糕點&麵包部門）。

LE CORDON BLEU YOKOHAMA
2-18-1, Takashima, Nishi-ku
Yokohama - Shi, Kanagawa, Japan
Tel +81 45 440 4720 Fax +81 45 440 4722

LE CORDON BLEU KOBE
The 45th 6F, 45 Harima-cho
Chuo-ku,
Kobe-shi, Hyogo 650- 0036, Japan
Tel +81 78 393 8221 Fax +81 78 393 8222

本書承蒙本校糕點部門師傅和工作人員的熱情幫助，以及所有相關人員的大力支持，Le Cordon Bleu在此表示衷心的感謝。

攝影 日置武晴
設計 中安章子
翻譯及技術協助 千住麻里子
書籍設計 若山嘉代子 平方泉L'espace

國家圖書館出版品預行編目資料

法國藍帶巧克力
法國藍帶東京分校 著；--初版.--臺北市
大境文化，2004[民93] 面； 公分.
(法國藍帶系列；)
ISBN 957-0410-34-5
1. 食譜 - 點心 - 法國 2. 巧克力
427.16 93017036

本書除非著作權法上的例外，禁止擅自影印本書的全部或部分。

LE CORDON BLEU

http://www.cordonbleu.edu
e-mail:info@cordonbleu.edu

●8,rue Léon Delhomme 75015 Paris,France
●114 Marylebone Lane W1M 6HH London,England
LE CORDON BLEU INC(USA)
Phone 1 201 617 5221
Fax 1 201 617 1914

© Le Cordon Bleu International BV (2003)for the Chinese translation.
© Bunka Shuppan Kyoku(2003)for the original Japanese text.

器具、布贊助廠商 PIERRE DEUX FRENCH COUNTRY
www.pierredeux.com
40 Enterprise Avenue Secaucus, NJ 070 94-2517
TEL 1 201 809 25 00 FAX 1 201 319 07 19
日本詢問處 PIERRE DEUX
〒150 東京都涉谷區惠比壽西1-17-2
TEL 03-3476-0802 FAX 03-5456-9066

系列名稱 / 法國藍帶
書 名 / 「法國藍帶巧克力」
作 者 / 法國藍帶廚藝學院東京分校
出版者 / 大境文化事業有限公司
發行人 / 趙天德
總編輯 / 車東蔚
文 編 / 編輯部
美 編 / R.C. Work Shop
翻 譯 / 呂怡佳 審 定 / 林三賀
地址 / 台北市雨聲街77號1樓
TEL / (02)2838-7996
FAX / (02)2836-0028
初版日期 / 2004年11月
定 價 / 新台幣280元
ISBN / 957-0410-34-5
書 號 / 07

讀者專線 / (02)2836-0069
www.ecook.com.tw
E-mail / editor@ecook.com.tw
劃撥帳號 / 19260956大境文化事業有限公司

法國料理基礎篇 I

法國料理基礎篇 II

法國糕點基礎篇 I

法國糕點基礎篇 II

法國麵包基礎篇

法國藍帶的基礎糕點課
基本中的最基本

法國藍帶巧克力